U0176702

预应力混凝土空心板
火灾行为及加固修复

许清风　著

中国建筑工业出版社

图书在版编目（CIP）数据

预应力混凝土空心板火灾行为及加固修复／许清风
著. — 北京：中国建筑工业出版社，2021.6
　ISBN 978-7-112-26187-1

　Ⅰ. ①预… Ⅱ. ①许… Ⅲ. ①预应力空心板-混凝土
空心板-耐火性-研究②预应力空心板-混凝土空心板-
加固-研究③预应力空心板-混凝土空心板-修复-研究
Ⅳ. ①TU522.3

中国版本图书馆 CIP 数据核字（2021）第 098389 号

责任编辑：张幼平　费海玲
责任校对：张　颖

预应力混凝土空心板火灾行为及加固修复
许清风　著

*

中国建筑工业出版社出版、发行（北京海淀三里河路9号）
各地新华书店、建筑书店经销
北京鸿文瀚海文化传媒有限公司制版
北京建筑工业印刷厂印刷

*

开本：787毫米×1092毫米　1/16　印张：8½　字数：146千字
2021年6月第一版　　2021年6月第一次印刷
定价：**48.00**元
ISBN 978-7-112-26187-1
（37639）

版权所有　翻印必究
如有印装质量问题，可寄本社图书出版中心退换
（邮政编码 100037）

序

　　火灾是建筑发生最频繁的灾害，火灾高温会造成材料性能退化、构件损伤、结构破坏甚至倒塌。上海胶州路 728 号公寓、英国伦敦格伦费尔公寓、巴黎圣母院等火灾事故均造成了重大人员伤亡或文化财产损失。美国"9·11 事件"中两座高楼的倒塌使结构抗火问题受到了世界各国的高度重视，结构抗火理论及其工程应用正成为结构工程领域的研究热点之一。

　　我国在 20 世纪六七十年代建造了大量无圈梁构造柱的砌体结构多层住宅，由砖墙或砌块墙、预应力混凝土空心板组成。1976 年唐山大地震中发现该类结构体系整体性存在明显薄弱环节，在地震作用下容易发生倒塌造成人员伤亡。20 世纪八九十年代开始大量建造有圈梁构造柱，并在预应力混凝土空心板上做整浇面层的砌体结构，大大提高了这类结构的抗震性。此外，带整浇面层的预应力混凝土空心板楼面也在多层混凝土框架结构中得到广泛应用。近年来，随着国家鼓励装配式建筑的发展，包括新型空心楼板体系在内的各类预制楼面系统在我国得到了深入发展。

　　预应力混凝土空心板楼面作为水平承重构件，通常是火灾中火损最严重的部位，而楼板厚度较薄，钢筋保护层厚度较小，高温辐射和热对流影响严重，构件承载力和刚度下降迅速，以致危及建筑结构在火灾中的整体安全，甚至酿成严重事故。因此，预应力混凝土空心板的抗火安全是既有建筑抗火的重要课题。

　　上海建科集团从 20 世纪 90 年代初开始进行结构抗火的研究和工程应用，并从 21 世纪初开始开展了预应力混凝土空心板抗火性能的研究。在历年研究基础上，许清风博士撰写了本书。该书重点介绍了预应力混凝土空心板的耐火性能、受火后性能和火灾后加固修复技术等，内容丰富，针对性强，具有一定的指导性。我相信，本书的出版不仅可以帮助设计施工和鉴定加固人员了解预应力混凝土空心板的抗火性能和火灾后加固修复技术，而且对相关学科的科研和教学人员亦有裨益。

同济大学教授、博导

比利时皇家科学与艺术院外籍院士　李国强

中国建筑学会抗震防灾分会结构抗火专业委员会主任委员

前　言

　　预应力混凝土空心板因其经济性好、施工方便、维护成本低等优点，在我国长期广泛使用。目前我国留存了数量巨大的采用预应力混凝土空心板楼面的既有建筑，主要包括城镇的多层砖混住宅和多层框架民用建筑、广大农村的自建房等。

　　发生火灾时，建筑室内的温度半小时内可达到 800～1200℃，且高温热烟气积聚在屋顶，而预应力混凝土空心板楼面的混凝土保护层厚度较小，钢筋升温迅速，材料性能下降快，火损严重，严重的可能引起结构整体垮塌。火灾后，混凝土和预应力钢筋不能恢复到受火前的材料性能，且火灾后预应力混凝土空心板多存在残余变形和裂缝等损伤，往往需要鉴定修复后方可继续安全使用。因此，预应力混凝土空心板的火灾行为和加固修复方法亟待研究。

　　国际上从 20 世纪 40 年代开始进行混凝土结构的抗火研究，在大量试验研究和理论分析基础上，苏联、美国、瑞士等国编制了相关抗火设计规范。我国混凝土结构抗火性能研究起步较晚，20 世纪 80 年代中后期同济大学、清华大学、原冶金部建筑研究总院、公安部所属消防研究所等单位陆续开始进行混凝土结构抗火研究。随着火灾事故增加和我国经济实力增强，国内越来越多的单位开始从事混凝土结构抗火研究，取得了丰硕的研究成果。但是，对于预应力混凝土空心板火灾性能和火灾后加固修复技术的研究还较为匮乏。

　　本书较为系统地总结了作者十余年来，围绕预应力混凝土空心板从材料、单板到带整浇层楼面的火灾行为和受火后加固修复技术等所开展的研究工作。全书分六章，包括绪论、高温下与高温冷却后混凝土和钢筋材料力学性能、预应力混凝土空心板火灾反应与耐火性能、预应力混凝土空心板受火后性能、预应力混凝土空心板火灾后加固修复研究、总结与展望。

　　在研究过程中，得到了上海市优秀技术带头人项目"建筑结构火灾性能及火灾后诊断修复关键技术研究与应用"（15XD1522600）、上海市青年科技启明星跟踪计划项目"既有砖木结构火灾性能和抗火能力提升关键技术研究"（11QH1402100）、上海市科委应用技术开发项目"砌体结构火灾后检测评估和加固修复关键技术研究"（2014-201）、上海建科集团科技创新项目"混凝土结构火灾损伤及可靠性分析方法的研究"（2003-03）和华南理工大学亚热带建筑科学国家重点实验室开放课题"预制多孔板火灾性能与火灾后加固技术研究"（2010KB12）的资助；得到了上海建科集团王孔藩教授、王绍义教高、刘挺林教高、陈玲珠博士后，东南大学建筑设计研究院有限公司韩重庆教高和硕士研究生全威、陈振龙、李梦南，东南大学土木工程学院徐明教授等的大力支持。在成稿过程中，得到了上海建科集团陈玲珠博士后的大力协助。在此，对以上资助和个人给予的大力支持与帮助致以深深的感谢。

由于作者知识水平和理论分析能力有限，书中难免有不足之处，敬请读者批评指正。

∎ 目 录 ∎

第 1 章 绪 论

随着人类社会物质生产力的迅速发展，人类的工作和生活条件得到了显著改善。然而在人类社会尽享现代文明和富足生活之时，地震、火灾、台风等各种自然或人为灾害时有发生，导致大量的财产损失和众多的人员伤亡，严重干扰和阻碍了人类社会的发展和文明的进步。

1.1 预应力混凝土空心板的发展

预应力混凝土空心板（简称预制空心板）在我国应用广泛。中国预制混凝土构件（包括预制空心板、预制混凝土梁等）已有半个多世纪的生产历史，从早期学习国外先进经验到独立完成设计，从小规模生产到大规模、工业化生产，从人工生产到全自动化生产，我国预制空心板经过了半个多世纪的发展，到 20 世纪 80 年代已经有了相当规模，生产工艺日益精湛。在 1970 年至 1995 年期间建造的建筑中，预制空心板使用的比例很大[1-1;1-2]。

唐山大地震以前，由于缺少合理的设计方法和施工指南，预制空心板楼面普遍存在整体性能差、抗震性能弱的明显缺陷，并在唐山大地震中全面暴露，造成了巨大的人员伤亡和财产损失，教训极其深刻。唐山大地震后，国内学者对预制空心板楼面的抗震性能进行了深入研究。在试验研究基础上，研发了加强预制空心板之间连接构造措施并在楼面上做钢筋网细石混凝土整浇层的做法，有效增强了预制空心板楼面的整体性能和地震作用下的抗倒塌能力。20 世纪 80 年代我国组织对地震影响区域内的既有建筑进行了首次大规模震害修复和加固工程实践，其中相当比例的既有建筑采用了预制空心板楼面[1-3;1-4]。我国现存数量巨大的采用预制空心板楼面的既有建筑，主要包括城镇大量的多层砖混住宅和多层混凝土框架民用建筑、广大农村大量的自建房。

1.2   建筑火灾的危害

火在人类进化和生产力发展过程中起着巨大的作用，然而火失去控制给人类生命财产造成的危害也是巨大的。尽管近年来科技的发展使人们对火灾的预测、监测和防护水平有所提高，但灾难性事故仍时有发生。美国 2018 年发生131.85 万起火灾，造成 3655 人丧生和 256 亿美元的经济损失；其中建筑火灾36.3 万起，直接经济损失达 111 亿美元[1-5]。我国 2019 年发生 23.3 万起火灾，造成 1335 人丧生、837 人受伤，直接经济损失 36.12 亿元[1-6]。

根据世界火灾统计中心研究[1-7]，美国、德国、日本等国家的统计表明，每年火灾造成的直接经济损失约为该国 GDP 的 0.1%～0.2%，且火灾发生后，有可能造成工厂停产，供水、供电中断，影响人们的正常生活与工作秩序，从而造成间接经济损失。建筑火灾除了直接危害人类的生命财产外，对建筑结构也会产生明显不利的影响，建筑结构在火灾中严重破坏甚至倒塌的情况屡有发生。

从 20 世纪 80 年代开始，国内学者开始对建筑火灾进行深入研究，取得了丰硕成果。李国强教授团队在对建筑钢结构的火灾行为进行系统研究[1-8]～[1-11]基础上，编制了国家标准《建筑钢结构防火技术规范》GB 51249—2017[1-12]，牵头的研究成果"大跨度钢结构防火防腐关键技术与工程应用"获得了 2013年国家科技进步二等奖。吴波教授团队在对混凝土结构火灾行为进行系统研究[1-13]基础上，编制了广东省地方标准《建筑混凝土结构耐火设计技术规程》DBJ/T 15-81—2011[1-14]，牵头的研究成果"混凝土结构耐火关键技术及应用"获得了 2014 年国家科技进步二等奖。韩林海教授团队在对钢管混凝土结构进行系统研究[1-15]基础上，牵头的研究成果"基于全寿命周期的钢管混凝土结构损伤机理与分析理论"获得了 2019 年国家自然科学二等奖。郑文忠教授团队在预应力混凝土结构抗火行为方面开展了系统研究[1-16]，董毓利教授团队在钢筋混凝土楼板火灾性能方面进行了深入研究[1-17]，傅传国教授团队在钢筋混凝土框架火灾性能方面进行了系统研究[1-18]，肖建庄教授团队在高性能混凝土抗火性能方面进行了深入研究[1-19]。中冶建筑研究总院有限公司和上海市建筑科学研究院（集团）有限公司在国内外研究和专项研发基础上，共同主编了中国工程建设标准化协会标准《火灾后工程结构鉴定标准》T/CECS 252—2019[1-20]。

　　预制空心板虽为非燃烧材料，但火灾下混凝土和钢筋的强度和弹性模量会随温度升高发生退化。由于楼板受火面大，厚度小，钢筋保护层厚度小，火灾下混凝土和钢筋的温度快速上升，导致预制空心板的承载性能退化较快，威胁建筑结构的安全。目前国内外对预制空心板的研究还不充分，需进行系统研究。

1.3　预应力混凝土空心板火灾性能研究现状

　　国内外学者针对预制空心板的耐火性能进行了一系列的试验研究和分析。Cooke 等[1-21] 进行了 14 组简支预制空心板单板火灾试验，试件参数包括楼板厚度、混凝土类型、外加荷载、板底防火保护和火灾类型等，试验表明，变形主要由温度升高引起，而外加荷载产生的变形较小。Venanzi 等[1-22] 对高性能轻质混凝土预制空心板单板的火灾性能进行了试验研究，并通过有限元模型计算了预制空心板温度场的分布。Shakya 等[1-23] 通过四组火灾试验研究了受轴向约束的预制空心板在真实火灾下的性能，并采用 ANSYS 对其耐火性能进行模拟分析；研究表明，轴向约束使预制空心板单板的耐火极限增加了 30min 左右。许清风等[1-24;1-25] 在前期研究中，进行了江苏和上海常用预制空心板板型共 20 块简支预制空心板底面受火耐火极限的对比试验，研究了不同持荷水平、板底是否涂抹水泥砂浆粉刷层的底面受火预制空心板的耐火极限。结果表明，随着持荷水平增加，底面受火简支预制空心板耐火极限逐渐降低，但持荷水平对孔洞内和板面温升梯度无明显影响；板底涂抹粉刷层后，耐火极限明显提高，板底涂抹粉刷层对预制空心板温度场变化影响明显。韩重庆等[1-26] 和李向民等[1-27] 进行了 14 块预制空心板受火后力学性能的试验研究，比较了不同受火时间后预制空心板剩余承载力、跨中挠度和破坏形态的异同。结果表明，未受火试件和受火试件均发生弯曲破坏；升温过程中预制空心板跨中挠度随受火时间显著增加，受火时间 15～60min 的预制空心板熄火自然冷却后跨中挠度大部分可恢复。受火时间大于 15min 时，受火后预制空心板开裂荷载和极限荷载均有所降低；当受火时间达到 60min 时，开裂荷载和极限荷载均急剧下降。

　　Acker 等[1-28] 指出由于周边构件以及连接的影响，预制空心板单板标准火灾试验不能完全反映预制空心板楼面在实际建筑火灾中的性能，因此进行了足尺预制空心板楼面的火灾性能试验，试验中平行预制空心板方向的约束通过两根钢筋来模拟。研究发现，实际结构中预制空心板与周边构件的连接以及周边构件对预制空心板的约束能提高预制空心板楼面的抗剪承载力。Bailey 等[1-29]进行了预制空心板楼面的足尺火灾试验，周边采用防火措施保护钢梁，研究表明，轴向约束能提高预制空心板楼面的耐火极限。Chang 等[1-30;1-31] 采用 SAFIR 软件建立了预制空心板楼面火灾行为的分析模型，研究了支座约束对预制空心板楼面抗火性能的影响。研究表明，若平行预制空心板方向有竖向支撑，预制空心板楼面可能形成双向板效应；端部轴向约束对预制空心板楼面抗火性能影响较大，而转动约束影响较小。Jansze 等[1-32] 对近 40 年来在欧洲进行的预制空心板火灾试验共 162 组试件进行了统计分析，其中 69 组试件为无约束预制空心板，其余 93 组试件考虑了端部或周边约束，对比了试件的破坏模式、火灾下抗弯承载力和抗剪承载力、爆裂情况等。结果表明，根据欧洲规范 EN 1992-1-2 设计的预制空心板能保证安全。

1.4　预应力混凝土空心板火灾后加固修复研究现状

火灾后，预制空心板性能将随持荷水平、受火时间和火荷载大小而发生不同程度的劣化，常表现为混凝土开裂、板底露筋、混凝土保护层剥落、跨中残余变形等。对于损伤严重的预制空心板楼面需敲除并重新现浇混凝土楼面，对损伤中等或轻微的预制空心板楼面应通过适宜的加固修复技术及时恢复其结构性能。目前，我国钢筋混凝土结构常用加固技术主要有增大截面加固法、置换混凝土加固法、外加预应力加固法、外粘型钢加固法、粘贴纤维复合材料加固法、粘贴钢板加固法、增设支点加固法等。

郑文忠等[1-33] 进行了 5 块用无机胶粘贴 CFRP 布加固混凝土板的抗火性能试验，结果表明，用无机胶粘贴 CFRP 布加固混凝土板采用防火涂料保护后，ISO 834 标准升温 90min 火灾下和火灾后 CFRP 布与混凝土板均能有效共同工作。余江滔等[1-34] 采用粘贴 CFRP 技术对受火后混凝土连续板进行了加固试验，结果表明，CFRP 布加固可以提高受火后连续板的极限承载力和正常使用承载力，使其恢复到甚至超过受火前的状态，但对初始刚度的恢复效果有限。

李向民等[1-35] 和许清风等[1-36] 进行了粘贴 FRP 布加固未受火简支预制空心板的试验，并提出了相应的分析方法。韩重庆等[1-37] 和陈振龙等[1-38] 对比研究了受火后预制空心板采用钢筋网细石混凝土加固前后的力学性能和破坏形态，结果表明，钢筋网细石混凝土加固受火后预制空心板的开裂荷载和极限荷载均大幅度提高，极限挠度有所降低；在考虑材料火灾损伤的基础上，采用等效截面法和有限元方法计算加固试件的极限承载力是可行的。许清风等[1-39;1-40]研究了粘贴 CFRP 布加固受火后简支预制空心板的方法，结果表明，粘贴CFRP 布能有效抑制受火后预制空心板的开裂并显著提高其极限承载力，受火后加固试件初始弯曲刚度小于未受火对比试件，但后期弯曲刚度明显大于未受火对比试件；在试验基础上提出了基于理论分析和数值模拟的设计方法，可供设计选用。

我国在 20 世纪 60～70 年代建造了大量采用预制空心板、砖墙或砌块墙的混合结构多层住宅，20 世纪 80～90 年代初又建造了带整浇层的预制空心板多层、中高层住宅，并且通过加强板的拼缝和边缘圈梁等后浇混凝土，提高了结构的抗震性能。这类建筑达到使用年限或遭受火灾后还需继续使用时，需进行检测评估。而前期研究成果尚未形成预制空心板火灾行为、检测评估和加固修复的成套技术成果，为此，作者从预制空心板受火后材料力学性能、单板和带整浇层的组合楼板火灾行为、检测评估和加固修复入手进行较为系统的研究，以期为相关工程实践提供关键技术支撑。

参考文献

[1-1] 马嵘 . 对我国预制空心板逐步退出建筑行业的反思 [J] . 嘉兴学院学报，2002，14（6）：34-37.

[1-2] 王奇 . 凿孔叠合混凝土空心板加固方法研究 [D] . 哈尔滨：哈尔滨工业大学，2014.

[1-3] 孙品礼，唐明贤 . 对国外混凝土预制构件试验研究工作的思考 [J] . 混凝土，2002（3）：16-20.

[1-4] 赵自强 . 既有砌体结构装配式楼屋盖抗震整体性能加固研究 [D] . 沈阳：沈阳建筑大学，2014.

[1-5] Evarts B. Fire loss in the United States during 2018 [R] . Quincy：National Fire Protection Association，2019.

[1-6] 应急管理部消防救援局 . 2019 年全国接报火灾 23.3 万件起 [EB/OL] . （2020-02-26）https：//www. 119. gov. cn/article/3xBeEJjR54K.

［1-7］ Brushlinsky N，Ahrens M，Sokolov S，et al. World fire statistics No. 25 ［R］. Trzaska，Slovenia：Center for Fire Statistics of CTIF 2020，2020.

［1-8］ 李国强，蒋首超，林桂祥. 钢结构抗火计算与设计 ［M］. 北京：中国建筑工业出版社，1999.

［1-9］ 李国强，韩林海，楼国彪，等. 钢结构及钢混凝土组合结构抗火设计 ［M］. 北京：中国建筑工业出版社，2006.

［1-10］ Li G，Wang P. Advanced analysis and design for fire safety of steel structures ［M］. Hangzhou：Zhejiang University Press & Berlin：Springer，2012.

［1-11］ 王卫永，李国强. 高强度 Q460 钢结构抗火设计原理 ［M］. 北京：科学出版社，2015.

［1-12］ 建筑钢结构防火技术规范：GB 51249—2017 ［S］. 北京：中国计划出版社，2018.

［1-13］ 吴波. 火灾后钢筋混凝土结构的力学性能 ［M］，北京：科学出版社，2003.

［1-14］ 建筑混凝土结构耐火设计技术规程：DBJ/T 15-81-2011 ［S］. 北京：中国建筑工业出版社，2011.

［1-15］ 韩林海，宋天诣. 钢-混凝土组合结构抗火设计原理 ［M］. 北京：科学出版社，2012.

［1-16］ 郑文忠，侯晓萌，闫凯. 预应力混凝土高温性能及抗火设计 ［M］. 哈尔滨：哈尔滨工业大学出版社，2012.

［1-17］ 王勇，董毓利. 火灾下混凝土双向板非线性分析 ［M］. 徐州：中国矿业大学出版社，2015.

［1-18］ 傅传国，王广勇. 钢筋混凝土框架结构火灾行为试验研究与理论分析 ［M］. 北京：科学出版社，2016.

［1-19］ 肖建庄. 高性能混凝土结构抗火设计原理 ［M］. 北京：科学出版社，2015.

［1-20］ 火灾后工程结构鉴定标准：T/CECS 252—2019 ［M］. 北京：中国建筑工业出版社，2019.

［1-21］ Cooke G. Behaviour of precast concrete floor slabs exposed to standardised fires ［J］. Fire Safety Journal，2001，36（5）：459-475.

［1-22］ Venanzi I，Breccolotti M，D'alessandro A，et al. Fire performance assessment of HPLWC hollow core slabs through full-scale furnace testing ［J］. Fire Safety Journal，2014，69：12-22.

［1-23］ Shakya A，Kodur V. Behaviour of prestressed concrete hollowcore slabs under standard and design fire exposure ［C］. Proceedings of the 8th International Conference on Structures in Fire，2014.

［1-24］ 许清风，韩重庆，李向民，等. 不同持荷水平下预应力混凝土空心板耐火极限试验

研究 [J]. 建筑结构学报，2013，34（3）：20-27.

[1-25] 许清风，韩重庆，全威，等. 预应力混凝土空心板耐火极限的试验研究 [J]. 建筑结构，2012，42（11）：111-113，80.

[1-26] 韩重庆，许清风，李向民，等. 预应力混凝土空心板受火后力学性能试验研究 [J]. 建筑结构学报，2012，33（9）：112-118.

[1-27] 李向民，陈振龙，许清风，等. 受火后冷拔低碳钢丝预应力混凝土空心板受弯性能试验研究 [J]. 结构工程师，2013，29（3）：119-126.

[1-28] Acker A. Shear resistance of prestressed hollow core floors exposed to fire [J]. Structural Concrete，2003，4（2）：65-74.

[1-29] Bailey C，Lennon T. Full-scale fire tests on hollowcore floors [J]. The Structural Engineer，2008，86（6）：33-39.

[1-30] Chang J，Buchanan A，Dhakal R，et al. Hollowcore concrete slabs exposed to fire [J]. Fire and Materials，2008，32（6）：321-331.

[1-31] Chang J，Moss P，Dhakal R，et al. Effect of aspect ratio on fire resistance of hollow core concrete floors [J]. Fire Technology，2009，46（1）：201-216.

[1-32] Jansze W，Klein-Holte R，Acker A，et al. Fire resistance of prestressed concrete hollowcore floors-a Meta-analysis on 162 fire test results [C]. Proceedings of the 8th International Conference on Structures in Fire，2014.

[1-33] 郑文忠，万夫雄，李时光. 用无机胶粘贴 CFRP 布加固混凝土板抗火性能试验研究 [J]. 建筑结构学报，2010，31（10）：89-97.

[1-34] 余江滔，刘媛，陆洲导，等. 火灾后混凝土连续构件的损伤与加固试验研究 [J]. 同济大学学报（自然科学版），2012，40（4）：508-514.

[1-35] 李向民，张富文，许清风. 粘贴不同 FRP 布加固预制空心板的试验研究和计算分析 [J]. 土木工程学报，2014，47（2）：71-81.

[1-36] 许清风，李向民，陈建飞，等. 粘贴竹板加固预应力混凝土空心板的试验研究 [J]. 东南大学学报（自然科学版），2013，43（3）：559-564.

[1-37] 韩重庆，陈振龙，许清风，等. 钢筋网细石混凝土加固受火后预应力混凝土空心板的试验研究 [J]. 四川大学学报（工程科学版），2012，44（6）：61-66.

[1-38] 陈振龙，刘桥，韩重庆，等. 钢筋网细石混凝土加固受火后预制空心板的有限元分析 [C]. 第七届全国结构抗火技术研讨会 SSFR2013 论文集，2013：327-331.

[1-39] 许清风，韩重庆，张富文，等. 粘贴 CFRP 布加固受火后预应力混凝土空心板的试验研究 [J]. 中南大学学报（自然科学版），2013，44（10）：4301-4306.

[1-40] Xu Q，Han C，Li X，et al. Experimental research on fire-damaged PC hollow-core slabs strengthened with CFRP sheets [C]. Proceedings of FRPRCS11，2013：179-180.

第2章 高温下与高温冷却后混凝土和钢筋材料力学性能

2.1 高温下混凝土力学性能的试验研究

抗压强度是混凝土最基本、最重要的力学指标之一，是确定混凝土强度等级的基本参数。本节通过不同温度下混凝土试块抗压性能试验，研究了不同强度等级、不同类型粗骨料混凝土抗压性能随温度的退化规律[2-1]。

2.1.1 试验概况

试块的尺寸为 100mm×100mm×100mm，加热设备为 SRJX-12-9 箱形电阻炉，炉内恒温误差控制在 5% 以内，炉内净尺寸为 1000mm × 1000mm × 1000mm。采用 ISO 834 标准升温曲线[2-2] 进行升温，加热温度包括室温、100℃、200℃、300℃、400℃、500℃、600℃、700℃和800℃共 9 种情况，当试块加热到指定温度后恒温 2h，使整个试块处于均匀温度场后再进行试验。试块的强度等级为 C20、C30、C40；粗骨料的类型包括硅质和钙质。试块共 63 组，每组 3 个。试块的具体情况如表 2-1 所示。试验在 NYL-2000 型压力试验机上进行。

混凝土试块主要信息   表 2-1

混凝土 强度等级	粗骨料		常温下强度/MPa	数量/组
	岩石名称	类型		
C20	石灰岩	钙质	26.0	9
	花岗岩	硅质	25.6	9
	玄武岩	硅质	25.0	9

续表

混凝土强度等级	粗骨料		常温下强度/MPa	数量/组
	岩石名称	类型		
C30	石灰岩	钙质	31.4	9
	花岗岩	硅质	32.3	9
	玄武岩	硅质	32.0	9
C40	石灰岩	钙质	41.0	9

2.1.2　试验结果

试验结果表明，混凝土强度等级的影响很小，因而对三种强度等级试块在高温下抗压强度折减系数进行综合分析。高温下混凝土抗压强度折减系数如表 2-2 和图 2-1 所示。

高温下混凝土抗压强度折减系数　　　　　　　表 2-2

温度/℃	粗骨料类型		
	钙质（石灰岩）	硅质（花岗岩）	硅质（玄武岩）
常温	1.00	1.00	1.00
100	0.84	1.00	0.96
200	1.11	1.28	1.10
300	1.08	1.23	1.00
400	0.87	0.96	0.86
500	0.70	0.82	0.72
600	0.59	0.68	0.58
700	0.50	0.51	0.48
800	0.25	0.27	0.24

由图 2-1 和表 2-2 可知，在研究的受火温度和持续时间范围内，三种粗骨料混凝土的强度变化趋势相近，仅由于粗骨料类型的不同而略有差别。当温度升高到 100℃时，混凝土抗压强度有所下降；当温度达到 100～300℃时，混凝土抗压强度出现反弹，大于室温下的抗压强度；当温度超过 300℃后，混凝土的抗压强度逐渐下降；当温度达到 800℃时，混凝土的抗压强度约下降到室温下的四分之一。

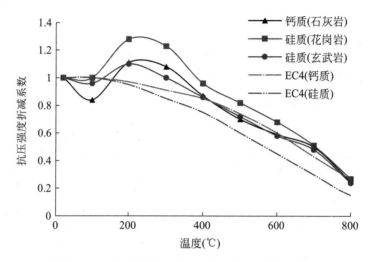

图 2-1　高温下混凝土抗压强度折减系数变化图

2.1.3　与欧洲规范的对比

试验得到的高温下混凝土抗压强度折减系数与欧洲规范 EN 1994-1-2（图中简称 EC 4）中相关系数的对比见图 2-1 和表 2-3，表中硅质混凝土的试验结果取花岗岩和玄武岩粗骨料混凝土的平均值。对比发现，对于硅质混凝土和钙质混凝土，欧洲规范提出的高温下抗压强度折减系数总体来说是偏于安全的。

高温下混凝土抗压强度折减系数对比　　　　　　　　表 2-3

$T/℃$	硅质混凝土		钙质混凝土	
	欧洲规范	试验结果	欧洲规范	试验结果
20	1.00	1.00	1.00	1.00
100	1.00	0.98	1.00	0.84
200	0.95	1.19	0.97	1.11
300	0.85	1.12	0.91	1.08
400	0.75	0.91	0.85	0.87
500	0.60	0.77	0.74	0.70
600	0.45	0.63	0.60	0.59
700	0.30	0.50	0.43	0.50
800	0.15	0.26	0.27	0.25

续表

T/℃	硅质混凝土		钙质混凝土	
	欧洲规范	试验结果	欧洲规范	试验结果
900	0.08	——	0.15	——
1000	0.04	——	0.06	——
1100	0.01	——	0.02	——
1200	0	——	0	——

2.2　高温冷却后混凝土力学性能的试验研究

高温后混凝土的残余力学性能是评估混凝土结构火灾后损伤的主要依据，对于判定结构的安全性和制定火灾后加固修复方案具有重大影响[2-3]。本节通过不同高温后混凝土试块抗压性能试验，考察了高温后不同冷却方式混凝土抗压性能随温度的退化规律[2-1]。

2.2.1　抗压强度

1）试验概况

试验的混凝土强度等级为 C20，冷却方式包括自然冷却和浇水冷却，其中浇水冷却模拟火灾后的喷水灭火过程。加热温度包括常温、200℃、300℃、400℃、500℃、600℃、700℃和800℃共 8 种情况，当试块加热到指定温度后恒温 2h。对于自然冷却的试块，取出在空气中自然冷却 30d 后再进行试验；而对于浇水冷却的试块，取出后浇水冷却，静置 30d 后再进行试验。

2）试验结果

高温下及高温后混凝土抗压强度折减系数对比如表 2-4 和图 2-2 所示。

高温下及高温后抗压强度折减系数　　　　　表 2-4

温度/℃	常温	200	300	400	500	600	700	800
自然冷却	1.00	1.00	0.82	0.76	0.60	0.60	0.50	0.25
浇水冷却	1.00	1.00	0.74	0.63	0.52	0.43	0.29	0.14
高温下	1.00	1.00	1.00	0.90	0.75	0.62	0.50	0.25

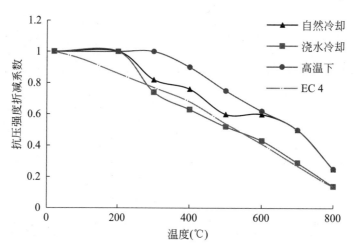

图 2-2　不同冷却方式下混凝土抗压强度折减系数变化图

　　表 2-4 中高温下抗压强度折减系数和图 2-2 中的高温下抗压强度下降曲线是由图 2-1 中三条曲线的平均值而得到的，当混凝土抗压强度出现短暂反弹时，取为 1.0。从表 2-4 和图 2-2 可知，在温度小于 200℃时，混凝土抗压强度的下降均不明显。随着温度的升高，混凝土的抗压强度均呈下降趋势。冷却后混凝土的抗压强度相比高温下进一步降低，而浇水冷却后的抗压强度明显低于自然冷却后的抗压强度；其原因在于，混凝土在高温下遇水骤然冷却，内外温差导致混凝土内部产生大量收缩裂缝，同时浇水冷却劣化了混凝土的微观结构。

　　3）与欧洲规范的对比

　　试验得到的混凝土高温冷却后抗压强度折减系数与欧洲规范 EN 1994-1-2（图中简称 EC 4）中相关系数的对比见表 2-5 和图 2-2。由表 2-5 和图 2-2 可知，欧洲规范提出的高温后混凝土抗压强度折减系数与本次试验中浇水冷却条件下混凝土抗压强度折减系数接近，低于自然冷却条件下的折减系数。

高温后混凝土抗压强度折减系数对比　　　　　　　　　表 2-5

$T/℃$	欧洲规范	试验结果	
		自然冷却	浇水冷却
20	1.00	1.00	1.00
100	0.95	1.00	1.00
200	0.86	1.00	1.00

续表

$T/℃$	欧洲规范	试验结果	
		自然冷却	浇水冷却
300	0.77	0.82	0.74
400	0.68	0.76	0.63
500	0.54	0.60	0.52
600	0.41	0.60	0.43
700	0.27	0.50	0.29
800	0.14	0.25	0.14
900	0.07	—	—
1000	0.04	—	—
1100	0.01	—	—
1200	0		

2.2.2　弹性模量

1）试验概况

弹性模量的试验条件与抗压强度试验条件相同，即混凝土弹性模量测试试块按 ISO 834 标准升温曲线进行加热升温，加热温度包括室温、300℃、400℃、500℃、600℃、700℃和800℃共 7 种情况，当试块被加热到指定温度后恒温 2h，使整个混凝土试块处于均匀温度场，然后取出放在空气中自然冷却，30d 后再进行弹性模量测试。

混凝土在高温自然冷却后的弹性模量计算方法按式（2-1）计算：

$$E_{\mathrm{T}} = \frac{\sigma}{\varepsilon} = \frac{\sigma \times l}{\Delta l_{\mathrm{n}}} \tag{2-1}$$

式中：E_{T} 为混凝土在高温自然冷却后的弹性模量（N/mm²）；σ 为应力值（N/mm²）；ε 为应变值；l 为测点标距（mm）；Δl_{n} 为试块最后一次加载时两侧变形的平均值（mm）。

2）试验结果

根据实测结果，并取每组试块的算术平均值，得到混凝土在高温自然冷却后的弹性模量。表 2-6 和图 2-3 分别为混凝土在高温自然冷却后的弹性模量折减系数和弹性模量折减系数变化曲线图。

高温自然冷却后混凝土弹性模量的折减系数　　　　表 2-6

温度/℃	常温	300	400	500	600	700	800
折减系数	1.00	0.75	0.46	0.39	0.11	0.05	0.03

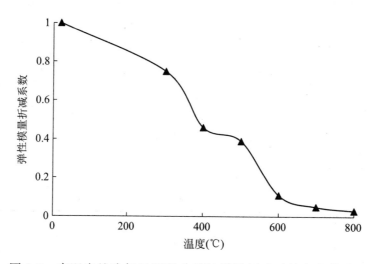

图 2-3　高温自然冷却后混凝土弹性模量折减系数变化曲线图

由表 2-6 和图 2-3 可知，混凝土高温自然冷却后的弹性模量随温度的升高而降低，且降低速度比相应抗压强度的降低速度更快，特别是当温度大于 400℃后，弹性模量的降低更为迅速，600℃后基本丧失。因此，受火时间大于 1.5h、火焰温度高于 800℃的火灾后混凝土结构容易产生较大的残余变形，在火灾后混凝土结构的检测评估中应予重视。

2.3　高温下钢筋力学性能的试验研究

本节通过不同温度下钢筋力学性能试验，研究了不同直径、不同强度等级钢筋力学性能随温度升高的退化规律[2-4]。

2.3.1　试验概况

1）试验材料

钢筋包括φ8 普通圆钢、φ16 螺纹钢筋、φ[b]4 冷拔钢丝和φ[z]8 冷轧扭钢筋。试样长度为 600mm，标距为 50mm。每种钢筋试件各 27 根，包括 9 组、每组 3 个试样。

2）试验设备

本次试验设备包括：1000kN 万能试验机、圆筒式电阻加热炉（φ30mm×1300mm）、ZK-1 温控仪、MTC1-5/1 精密温度控制仪、镍铬-镍硅热电偶。

3）试验方法

试验温度包括室温、100℃、200℃、300℃、400℃、500℃、600℃、700℃、900℃九级。高温下钢筋力学性能试验方法按照国家标准《金属材料高温拉伸试验方法》GB/T 4338—2006[2-5] 的规定，使用圆筒式电阻加热炉按照 ISO 834 标准升温曲线进行升温，升至指定温度后恒温不少于 15min。为了保证温度在规定的偏差范围内，采用 ZK-1 温控仪调整炉膛温度，采用 MTC1-5/1 精密温度控制仪和镍铬—镍硅热电偶监控炉内温度。试验在 1000kN 万能试验机上进行。

2.3.2　试验结果

1）抗拉强度

四种钢筋在不同温度下的抗拉极限强度见表 2-7，其变化规律如图 2-4 所示。表中的极限强度值为试验测得的极限荷载与试件截面积的比值，每个极限强度值为该组三个试样的平均值。四种钢筋在不同温度下的极限强度折减系数变化规律如图 2-5 所示。

高温下钢筋抗拉强度　　　　　　　　　　表 2-7

温度/℃	极限强度/MPa			
	φ8	φ16	φ^b4	φ^z8
室温	395	590	673	610
100	377	550	640	593
200	457	530	632	592
300	457	545	637	590
400	340	560	510	520
500	212	410	362	355

续表

温度/℃	极限强度/MPa			
	$\phi 8$	$\Phi 16$	$\phi^b 4$	$\phi^z 8$
600	128	248	125	115
700	56	159	58	69
900	50	61	56	41

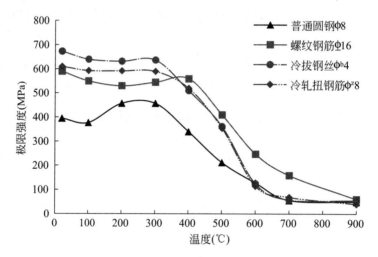

图 2-4 高温下不同钢筋试样极限强度变化图

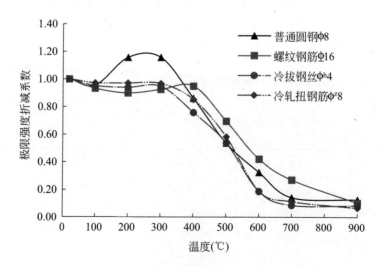

图 2-5 高温下不同钢筋试样极限强度折减系数变化图

由图 2-4、图 2-5 和表 2-7 可知，当温度小于 300℃时，各种钢筋的极限强度下降均不明显，甚至会出现极限强度反弹现象，这是由钢筋的蓝脆现象和应变时效造成的[2-6]。当温度大于 400℃时，四种钢筋的极限强度均明显下降。当温度大于 600℃时，除螺纹钢筋外，其他三种钢筋极限强度的变化趋势趋于一致。

2）断后伸长率

钢筋的断后伸长率表征钢筋的塑性性能，常温下含碳量较低的普通热轧钢筋断后伸长率较大。高碳钢或经过冷拉、冷拔以及冷轧扭处理过的特殊钢筋，没有明显的屈服平台，断后伸长率较小。四种钢筋在不同温度下的断后伸长率见表 2-8，其变化规律如图 2-6 所示。表中的断后伸长率为该组三个试样的平均值。

高温下钢筋的断后伸长率　　　　　　　　　　表 2-8

温度/℃	断后伸长率/%			
	Φ 8	Φ 16	Φ^b 4	Φ^z 8
室温	27	29	7	8
100	31	26	10	9
200	20	28	5	6
300	16	24	12	6
400	41	20	15	20
500	51	20	17	20
600	59	33	45	68
700	81	38	67	66
900	70	54	67	51

由图 2-6 和表 2-8 可知，当温度小于 300℃时，普通圆钢和螺纹钢筋的断后伸长率明显高于冷拔钢丝和冷轧扭钢筋，但四种钢筋断后伸长率的变化均不明显。而当温度大于 500℃时，四种钢筋的断后伸长率均明显上升，最大可达 81％。

3）与欧洲规范的对比

试验得到的钢筋高温下极限强度折减系数与欧洲规范 EN 1994-1-2 中相关系数的对比见表 2-9，其中普通热轧钢筋的试验结果取普通圆钢和螺纹钢筋极限强度折减系数的平均值，冷拔和冷拉钢筋的试验结果取冷拔钢丝和冷轧扭钢

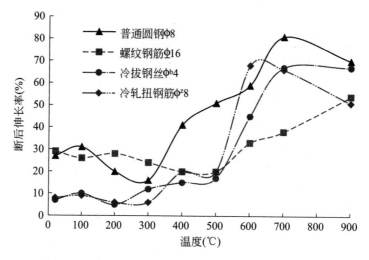

图 2-6　高温下不同钢筋试样断后伸长率变化图

筋极限强度折减系数的平均值。对比发现，欧洲规范提出的钢筋高温下极限强度折减系统比本次试验得到的折减系数略高。

钢筋高温下抗拉强度折减系数对比　　　　　　　　　　　　　　　　表 2-9

$T/℃$	欧洲规范		试验结果	
	普通热轧钢筋	冷拔和冷拉钢筋	普通热轧钢筋	冷拔和冷拉钢筋
20	1.00	1.00	1.00	1.00
100	1.00	1.00	0.94	0.96
200	1.00	1.00	1.03	0.95
300	1.00	1.00	1.04	0.96
400	0.91	0.94	0.90	0.81
500	0.71	0.67	0.62	0.56
600	0.43	0.40	0.37	0.19
700	0.21	0.12	0.21	0.10
800	0.10	0.11	—	—
900	0.05	0.08	0.11	0.08
1000	0.04	0.05	—	—
1100	0.02	0.03	—	—
1200	0	0	—	—

2.4 高温自然冷却后钢筋力学性能的试验研究

本节通过不同高温后钢筋力学性能试验，研究了螺纹钢筋力学性能随不同高温自然冷却后的退化规律[2-4]。

2.4.1 试验概况

钢筋试样选用 φ16 螺纹钢筋，试样长度为 600mm，标距为 50mm。共 39 根试样，分为 13 组，每组 3 个试样。试样达到指定温度后恒温 15min，经 24h 的自然冷却后在 1000kN 万能试验机上进行单向拉伸试验。

2.4.2 试验结果

1）抗拉强度

钢筋混凝土结构中使用最多的受力主筋为螺纹钢筋。不同温度作用自然冷却后螺纹钢筋的抗拉屈服强度和极限强度见表 2-10，屈服强度和极限强度均取同组三个试样的平均值；其变化规律如图 2-7 所示。

不同温度作用自然冷却后φ16 螺纹钢筋强度　　　表 2-10

温度/℃	屈服强度/MPa	极限强度/MPa	断后伸长率/%
室温	405	590	29
100	373	565	30
200	393	590	29
250	370	618	23
300	370	560	31
350	400	618	26
400	398	590	22
450	385	583	27
500	398	600	22
600	395	580	28
700	365	535	22
800	390	563	20
900	362	540	20

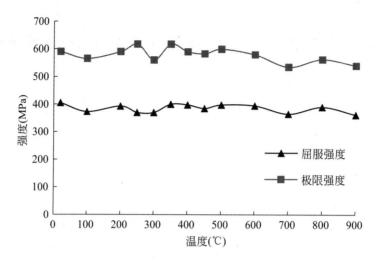

图 2-7　不同温度作用自然冷却后ϕ16 螺纹钢筋强度变化图

　　由图 2-7 和表 2-10 可知，不同温度作用自然冷却后螺纹钢筋的屈服强度和极限强度与常温下的螺纹钢筋相比略有降低，但降低幅度不超过 10%。这为过火后未倒塌的钢筋混凝土构件修复提供了可能。

　　2）断后伸长率

　　不同温度作用自然冷却后螺纹钢筋的断后伸长率见表 2-10，其变化规律如图 2-8 所示。

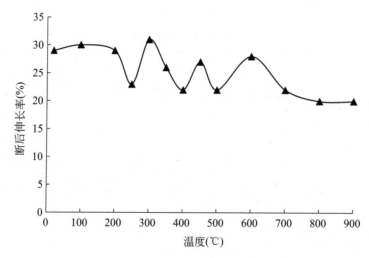

图 2-8　不同温度作用自然冷却后螺纹钢筋断后伸长率变化图

　　由图 2-8 和表 2-10 可知，不同温度作用自然冷却后螺纹钢筋断后伸长率的变化趋势是：当温度小于 200℃时，断后伸长率变化不明显；当温度介于 200～700℃时，螺纹钢筋的断后伸长率呈波动变化；当作用温度大于 700℃时，螺纹钢筋的断后伸长率降低约 30％。

2.5　高温自然冷却后钢筋与混凝土粘结性能的试验研究

本节通过高温自然冷却后钢筋与混凝土之间粘结强度的试验研究，了解钢筋与混凝土之间粘结性能的劣化程度[2-7]。

2.5.1　试验概况

钢筋与混凝土之间粘结强度试验主要包括梁端拔出试验和梁接头试验，本次采用拔出试验方法。试件的混凝土强度等级为 C25，钢筋选用 φ12 圆钢和φ16 螺纹钢，每种钢筋各 6 组、每组 3 个试样。试件尺寸和配筋如图 2-9 所示。加热选用耐火标准试验炉，按 ISO 834 标准升温曲线进行升温，温度分别为室温、300℃、500℃、600℃、700℃和 800℃共 6 种情况，当试件加热到指定温度恒温 2h 后，取出放在空气中自然冷却，30d 后进行试验。试验在万能试验机上进行。

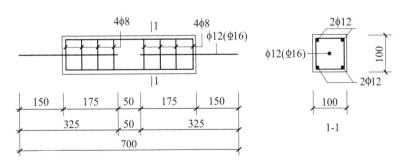

图 2-9　试件尺寸和配筋示意图（单位：mm）

2.5.2　试验结果

高温自然冷却后钢筋与混凝土之间粘结强度试件的试验现象与常温下的相

似[2-8]。钢筋和混凝土之间粘结强度的试验结果如表 2-11 和图 2-10 所示。

高温自然冷却后粘结强度及折减系数　　　　　　表 2-11

温度/℃	Φ12		Φ16	
	粘结强度/kN	折减系数	粘结强度/kN	折减系数
室温	41.4	1.00	72.1	1.00
300	35.8	0.86	65.6	0.90
500	19.3	0.46	64.2	0.89
600	7.9	0.19	43.1	0.59
700	5.6	0.13	42.0	0.58
800	3.7	0.09	29.7	0.41

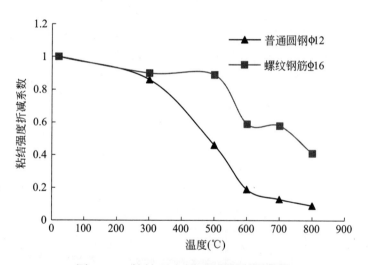

图 2-10　粘结强度折减系数变化曲线

　　由表 2-11 和图 2-10 可知,高温自然冷却后,混凝土和钢筋之间的粘结强度随着过火温度的升高而降低。随着温度的升高,高温对圆钢与混凝土之间粘结强度的影响比螺纹钢筋与混凝土之间粘结强度的影响更大。当温度大于 300℃时,高温自然冷却后,圆钢与混凝土之间的粘结强度迅速下降;当温度达到 700℃时,圆钢与混凝土之间的粘结强度下降到室温下的 13%。而当温度大于 500℃时,高温自然冷却后,螺纹钢筋与混凝土之间的粘结强度才开始明显下降;当温度达到 800℃时,螺纹钢筋与混凝土之间的粘结强度下降到室温下的 41%,明显优于圆钢与混凝土之间的粘结强度。

钢筋与混凝土之间的粘结强度主要由胶着力、摩阻力和咬合力三部分作用组成。其中，胶着力一般很小，在接触面发生滑移后就被破坏；摩阻力的大小取决于接触面的粗糙程度和侧压力，光圆钢筋与混凝土之间的粘结强度主要依靠摩阻力；而咬合力是由于螺纹钢筋肋部嵌入混凝土形成的机械咬合作用所致，是螺纹钢筋与混凝土之间粘结强度的主要部分。随着温度的升高，高温自然冷却后，胶着力和摩阻力均明显下降，而咬合力的下降速度相对较慢，导致螺纹钢筋与混凝土之间的粘结强度下降速度较光圆钢筋与混凝土之间的粘结强度慢。

此外，混凝土所用骨料、水灰比以及钢筋直径对钢筋与混凝土之间的粘结强度高温自然冷却后的劣化程度影响不大[2-9]。

2.6　小结

本章分别介绍了混凝土、钢筋、钢筋与混凝土之间粘结强度在高温下和/或高温冷却后的力学性能，揭示了不同强度等级混凝土和不同种类钢筋高温下和高温冷却后力学性能随温度的退化规律，并考察了不同冷却方式对混凝土高温后力学性能的影响，且与欧洲规范建议的折减系数进行了对比，为火灾后混凝土结构的检测鉴定和详细分析评估提供了基础数据和关键科学支撑。

参考文献

[2-1] 王孔藩，许清风，刘挺林.高温下及高温冷却后混凝土力学性能的试验研究 [J].施工技术，2005，34（8）：1-3.

[2-2] ISO 834-11：2014. Fire resistance tests-elements of building construction-Part 11：Specific requirements for the assessment of fire protection to structural steel elements [S].Geneva：International organization for standardization，2014.

[2-3] 吴波.火灾后钢筋混凝土结构的力学性能 [M].北京：科学出版社，2003.

[2-4] 王孔藩，许清风，刘挺林.高温下及高温冷却后钢筋力学性能的试验研究 [J].施工技术，2005，34（8）：3-5.

[2-5] 金属材料 高温拉伸试验方法：GB/T 4338—2006 [S].北京：中国标准出版社，2006.

[2-6] Guide for determining the fire endurance of concrete elements ACI 216R-89 [R].
　　 Michigan，USA：ACI Committee，1994.

[2-7] 王孔藩，许清风，刘挺林. 高温自然冷却后钢筋与混凝土之间粘结强度的试验研究
　　 [J]. 施工技术，2005，34（8）：6，11.

[2-8] 徐有邻，沈文都，汪洪. 钢筋混凝土粘结锚固性能的试验研究 [J]. 建筑结构学
　　 报，1994，15（3）：26-37.

[2-9] 董毓利. 混凝土结构的火安全设计 [M]. 北京：科学出版社，2001.

第3章 预应力混凝土空心板火灾反应与耐火性能

建筑物遭受火灾后，结构内部温度升高，形成不均匀的温度场，混凝土、普通钢筋和预应力钢筋力学性能退化，导致结构不同程度地损伤和承载力下降。预应力混凝土空心板作为建筑物的水平承重和分隔构件，必须在构件设计的受火时间内保持足够的承载能力，不发生倒塌，以确保受灾人员安全撤离火灾现场，消防人员进行灭火、救护伤亡人员和抢救重要器物等。

楼板作为水平承重构件，通常是火灾中主要的迎火受火构件，而楼板厚度较小，钢筋保护层厚度较薄，高温辐射和热气流传播影响严重，构件承载力和刚度逐渐丧失，以致危及建筑结构的安全，甚至酿成严重事故。建筑结构中，楼板总是在常温下先承受一定的荷载作用，当发生火灾时，又同时承受高温作用下的温度应力，高温作用将与承载产生耦合作用。预制空心板使用的冷拔钢丝和冷轧带肋钢筋，张拉后处于高应力状态，与具有明显屈服台阶的普通钢筋相比，对火灾产生的高温更敏感，产生的后果更严重。目前国内外学者对混凝土现浇板的耐火性能已进行了不少的研究，但长期以来针对大量使用的预制空心板耐火性能的试验研究比较欠缺[3-1;3-2]。

3.1 预应力混凝土空心板耐火极限判别方法

建筑构件的耐火性能表征该构件在火灾过程中能够起到隔离作用或结构支撑作用的能力，通常用耐火极限表示。建筑构件的耐火极限是在标准火灾环境或标准升温条件下，通过耐火性能试验确定的。国家标准《建筑设计防火规范》GB 50016—2014（2018年版）[3-3] 根据建筑的重要性及火灾的危险性，同时考虑构件的重要性，以耐火时间要求的形式对构件的耐火性能提出要求。预制空心板作为建筑楼板主要组成部分，其耐火性能应同时具备承重构件的稳定性、分隔构件的完整性和隔热性。按此要求进行了不同持荷条件下预制空心板的耐火试验。

3.1.1 标准火灾升温曲线

为了方便对建筑构件的耐火性能进行比较，必须在相同的火灾条件下开展耐火试验。许多国家和组织制定了标准火灾升温曲线，供耐火试验及耐火设计使用。国际上被广泛接受的标准火灾升温曲线主要有两种：国际标准化组织 ISO 834 曲线[3-4] 和美国 ASTM E119 曲线[3-5]。大多数国家标准耐火试验所采用的温升曲线均基于 ISO 834 或 ASTM E119，ISO 834 与 ASTM E119 标准火灾曲线差别很小。

国家标准《建筑构件耐火试验方法　第 1 部分：通用要求》GB/T 9978.1—2008[3-6] 规定的标准火灾升温曲线是基于 ISO 834 曲线，其表达式为：

$$T = 345 \lg(8t + 1) + T_0 \tag{3-1}$$

式中，T_0 和 T 分别为试验开始时刻及 t 时刻的温度（℃），t 为试验时间（min）。

3.1.2 耐火极限判定条件

建筑构件的耐火极限定义为：在标准耐火试验条件下，建筑构件从受火作用开始到达到极限状态（构件失效）所经历的时间。建筑构件的耐火极限通过失去规定的承载能力、完整性和隔热性这三个指标进行综合判定。

失去承载能力主要针对承重构件而言，指构件在试验中失去荷载支撑能力或抵抗变形能力。国家标准《建筑构件耐火试验方法 第 1 部分：通用要求》GB/T 9978.1—2008[3-6] 规定，在标准升温条件下，当持荷受火时间增加，导致试件无法支承试验荷载作用，或者试件的变形或变形速率超过以下规定的数值时，则判定试件丧失承载能力。

抗弯构件（如梁或楼板）：

$$极限弯曲变形量 \ D = \frac{L^2}{400d} (\text{mm}) \tag{3-2}$$

$$极限弯曲变形速率 \ \frac{\mathrm{d}D}{\mathrm{d}t} = \frac{L^2}{9000d} (\text{mm/min}) \tag{3-3}$$

式中：L 为试件的净跨度；d 为试件截面上抗压点与抗拉点之间的距离，单位 mm。

轴向承重构件（如承重墙或柱）：

$$极限轴向压缩变形量 C = \frac{h}{100}(\mathrm{mm}) \tag{3-4}$$

$$极限轴向压缩变形速率 \frac{\mathrm{d}C}{\mathrm{d}t} = \frac{3h}{1000}(\mathrm{mm/min}) \tag{3-5}$$

式中：h 为试件的初始高度（mm）。

失去完整性主要针对防火分隔构件而言，当构件出现穿透性裂缝或孔隙，构件不再具有阻止火焰和高温烟气穿透的能力，则认为构件失去完整性。国家标准《建筑构件耐火试验方法 第 1 部分：通用要求》GB/T 9978.1—2008[3-6] 规定，当发生以下任一限定情况均认为试件丧失完整性：放置在裂缝或开口处的棉垫能够被点燃；探棒可以穿过裂缝；背火面出现火焰并持续时间超过 10s。

失去隔热性也是针对防火分隔构件而言，指的是构件失去隔绝过量传热的能力，材料的导热性能和构件截面的厚度是影响隔热性的主要因素。国家标准《建筑构件耐火试验方法 第 1 部分：通用要求》GB/T 9978.1—2008[3-6] 规定，当试件背火面平均温升超过初始温度 140℃时，或者任一点位置的温升超过初始温度 180℃时，即认为试件丧失隔热性。

预制空心板同时作为承载构件和水平防火分隔构件，需要从失去承载能力、完整性和隔热性这三个指标进行综合判定。本章通过预制空心板单板和预制空心板整浇楼面的耐火极限试验来研究其耐火性能。

3.2　预应力混凝土空心板单板耐火性能试验研究

本节通过进行冷拔低碳钢丝和冷轧带肋钢筋预制空心板恒载升温条件下的底面受火耐火极限试验，考察不同持荷水平、板底有无水泥砂浆粉刷层的底面受火预制空心板单板的耐火极限变化规律[3-7；3-8]。

3.2.1　试验概况

1）试件设计

共进行了 20 块预制空心板耐火极限的对比试验研究，其中 6 块为未受火静载对比试件,冷拔低碳钢丝预制空心板 3 块,编号分别为 CB1～CB3,冷轧带肋钢筋预制空心板 3 块,编号分别为 CBR1～CBR3。通过三分点加载获得未受火预制空心板的极限荷载,然后进行不同持荷水平预制空心板的耐火极限试验。

受火试件分 3 组:第 1 组试件共 9 个,板底受力钢筋为冷拔低碳钢丝,板底均涂抹 10mm 厚配比为 1:2 的水泥砂浆作为板底粉刷层,以模拟预制空心板的实际工作状态。持荷分别为常温对比预制空心板静载极限荷载的 8%、16%、24%、32%、40%、48%、56%、64% 和 72%,试件编号分别为 BP08、BP16、BP24、BP32、BP40、BP48、BP56、BP64 和 BP72。第 2 组试件共 2 个,板底受力钢筋为冷轧带肋钢筋,板底同样涂抹 10mm 厚配比为 1:2 的水泥砂浆作为板底粉刷层,持荷分别为常温对比预制空心板静载极限荷载的 25% 和 50%,试件编号分别为 BPR25 和 BPR50。为研究水泥砂浆粉刷层对预制空心板耐火极限的影响,另制作了第 3 组试件共 3 个,板底受力钢筋为冷拔低碳钢丝,板底不涂抹砂浆粉刷层,持荷分别为常温对比预制空心板静载极限荷载的 16%、32% 和 48%,试件编号分别为 BP16′、BP32′ 和 BP48′。具体试件信息见表 3-1。

试件信息　　　　　　　　　　　　　　　　　　表 3-1

试件编号	受火情况	板底受力钢筋类型	板底是否涂抹粉刷层	火灾时持荷比
CB1	未受火对比试件	冷拔低碳钢丝	是	—
CB2	未受火对比试件	冷拔低碳钢丝	是	—
CB3	未受火对比试件	冷拔低碳钢丝	是	—
CBR1	未受火对比试件	冷轧带肋钢筋	是	—
CBR2	未受火对比试件	冷轧带肋钢筋	是	—
CBR3	未受火对比试件	冷轧带肋钢筋	是	—
BP08	底面受火	冷拔低碳钢丝	是	8%
BP16	底面受火	冷拔低碳钢丝	是	16%
BP24	底面受火	冷拔低碳钢丝	是	24%
BP32	底面受火	冷拔低碳钢丝	是	32%
BP40	底面受火	冷拔低碳钢丝	是	40%
BP48	底面受火	冷拔低碳钢丝	是	48%
BP56	底面受火	冷拔低碳钢丝	是	56%

续表

试件编号	受火情况	板底受力钢筋类型	板底是否涂抹粉刷层	火灾时持荷比
BP64	底面受火	冷拔低碳钢丝	是	64％
BP72	底面受火	冷拔低碳钢丝	是	72％
BPR25	底面受火	冷轧带肋钢筋	是	25％
BPR50	底面受火	冷轧带肋钢筋	是	50％
BP16′	底面受火	冷拔低碳钢丝	否	16％
BP32′	底面受火	冷拔低碳钢丝	否	32％
BP48′	底面受火	冷拔低碳钢丝	否	48％

2）试验材料

预制空心板型号分别选用上海市建筑标准设计图集《120 预应力混凝土空心板（冷拔低碳钢丝ϕ^b4、ϕ^b5）》（97 沪 G306）[3-9] 中的 YKB-5-39-3［图 3-1（a）］和江苏省结构构件标准图集《120 预应力混凝土空心板图集（冷轧带肋钢筋）》（苏 G9401）[3-10] 中的 YKB$_{R8}^{R6}$39A-52［图 3-1（b）］。预制空心板名义高度为 120mm。预应力采用先张法施加，施工时单根钢筋张拉力取为 7kN。底部受力钢筋为冷拔低碳钢丝的预制空心板混凝土设计强度等级为 C30，实测立方体抗压强度为 52.4MPa；冷拔低碳钢丝为 15ϕ^b4，实测极限抗拉强度为 773MPa。底部受力钢筋为冷轧带肋钢筋的预制空心板混凝土设计强度等级为 C25；冷轧带肋钢筋为 8ϕ^R5，采用 LL650 级，材料性能见表 3-2。

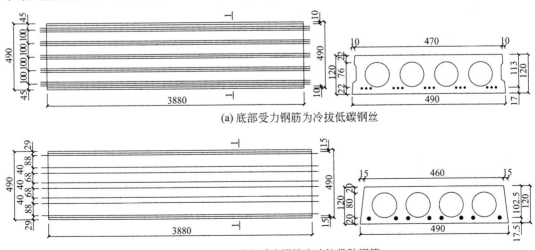

(a) 底部受力钢筋为冷拔低碳钢丝

(b) 底部受力钢筋为冷轧带肋钢筋

图 3-1　预制空心板尺寸和配筋（单位：mm）

冷轧带肋钢筋力学性能和工艺性能 表 3-2

钢筋级别	钢筋直径 /mm	强度标准值 /MPa	抗拉强度设计值 /MPa	伸长率不小于 δ_{100} /%	冷弯 180° 弯心直径
LL650	5	650	430	4	$D = 4d$

3) 试验装置与量测方案

试验在大型水平试验炉中进行,构件在试验炉顶安装就位后先按三分点加载至预定持荷荷载,然后按 ISO 834 标准升温曲线进行升温。

预制空心板沿全长底面受火,端部搁置在水平试验炉炉壁上,通过千斤顶、分配梁和反力架采用三分点施加预定持荷荷载,搁置点间距为 3.6m。板顶面和侧面均不受火,通过在板侧面铺设耐火矿棉来隔绝火源。为防止预制空心板在受火过程中因断裂跌入炉内引起设备损坏,预先在炉膛内部预制空心板正下方架设混凝土支架作为支撑。试验装置如图 3-2 所示。

本次试验在跨中和支座处板面分别布置了竖向位移计,以观测预制空心板在受火过程中跨中和支座处的下挠和翘起变形;针对火灾下预制空心板可能会发生横向变形情况,在板端布置水平向位移计。位移计读数通过大型水平试验炉电仪控制系统动态采集。

为得到预制空心板在受火过程中温度场变化情况,在孔洞内和板面布置热电偶,所用热电偶为用镍铬—镍硅材料制成的 K 型铠装热电偶,型号为WRNK-101,测温范围为 $-200℃ \sim 1300℃$。孔洞内热电偶(1♯和2♯)从孔洞端部伸入加载点附近,孔洞端部用耐火石棉封堵后再用水泥砂浆密封以测试孔洞内的实际温度;板面热电偶(3♯和4♯)布置于加载点附近。板底温度由监测炉温的铠装式热电偶直接读取。所有热电偶读数均通过大型水平试验炉电仪控制系统动态采集。

位移计及热电偶布置如图 3-3 所示。

3. 2. 2 试验现象

1) 冷拔低碳钢丝预制空心板静载对比试件 CB1～CB3

对比试件 CB1～CB3 在荷载增加至极限荷载的 68%～76% 时,在加载点附近板侧出现第一条细微裂缝,宽度约 0.10mm;随着荷载增加,纯弯段弯曲裂缝逐渐增多;加载至极限荷载时,伴随巨大声响,预制空心板在主裂缝处突

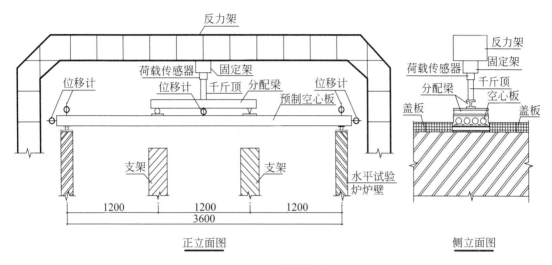

(a) 试验装置示意图

(b) 试验装置实景图

图 3-2　预制空心板耐火极限试验装置图（单位：mm）

然断裂为两截破坏。CB1～CB3 开裂荷载分别为 15.7kN、15.1kN 和 14.7kN，开裂荷载平均值为 15.2kN；极限荷载分别为 20.1kN、22.1kN 和 21.3kN，极限荷载平均值为 21.2kN；破坏时跨中挠度分别为 56.3mm、48.8mm 和 56.5mm，破坏时挠度平均值为 53.9mm。对比试件 CB1～CB3 的破坏形态见图 3-4。

2）冷轧带肋钢筋预制空心板静载对比试件 CBR1～CBR3

与对比试件 CB1～CB3 相似，对比试件 CBR1～CBR3 在荷载增加至极限荷载的 37%～42% 时，在加载点板侧附近出现第一条细微裂缝，宽度约

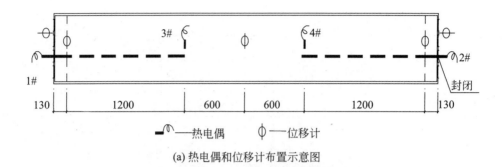

(a) 热电偶和位移计布置示意图

(b) 热电偶和位移计布置实景图

图 3-3 热电偶及位移计布置图（单位：mm）

(a) CB1   (b) CB2   (c) CB3

图 3-4 对比试件 CB1～CB3 破坏形态

0.10mm；随着荷载增加，纯弯段弯曲裂缝逐渐增多；加载至极限荷载时，伴随巨大声响预制空心板在主裂缝处突然断裂为两截破坏。CBR1～CBR3 开裂荷载分别为 6.0kN、5.0kN 和 5.0kN，开裂荷载平均值为 5.3kN；极限荷载分别为 14.3kN、13.0kN 和 13.5kN，极限荷载平均值为 13.6kN；破坏时跨中挠度分别为 62.0mm、50.2mm 和 53.7mm，破坏时挠度平均值为 55.3mm。对比试件 CBR1～CBR3 的破坏形态见图 3-5。与冷拔低碳钢丝预制空心板相比，

(a) CBR1

(b) CBR2

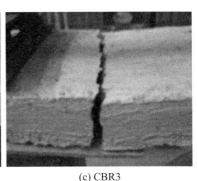
(c) CBR3

图 3-5 对比试件 CBR1～CBR3 破坏形态

冷轧带肋钢筋预制空心板的开裂荷载和极限荷载更低，破坏时挠度更大。

3）底面有粉刷层冷拔低碳钢丝预制空心板试件 BP08～BP72

试件受火初期，未发现白色烟雾溢出。升温 10～14min 后，在预制空心板与盖板接缝处以及预制空心板孔洞中开始出现少量白色烟雾。受火 16～20min 后，预制空心板表面及两端横截面处开始出现少量水蒸气。随着受火时间延长，白烟越来越浓且板面水蒸气逐渐增多，预制空心板跨中下挠明显且两端有明显的翘起，从试验炉电仪控制系统监视器可见跨中挠度随受火时间的增加逐渐增加，但是增速比较缓慢。受火 40～50min 后，白色烟雾开始逐渐减少。当达到耐火极限时，跨中挠度急剧增加，试件不能承受所加荷载，试件在跨中或加载点附近断裂，预应力钢筋部分拉断，试件破坏。

整个受火过程中预制空心板板面均未出现可见裂缝。开炉后发现，除试件 BP08 板底水泥砂浆粉刷层部分脱落、板底砂浆及裸露的混凝土呈浅白色外，其余试件粉刷层未见脱落、板底及裸露的混凝土呈浅黄色。除试件 BP08 和试件 BP16 板侧混凝土全截面呈紫红色外，其余试件板侧混凝土呈紫红色的高度均随耐火极限的减小而顺次减小，其中试件 BP24 呈紫红色的高度约为 100mm，试件 BP72 约为 20mm。所有试件纯弯段板侧及板底均有多条裂缝，但未见混凝土边角脱落、保护层爆裂或钢筋外露等严重火灾损伤。试件破坏形态如图 3-6 所示。

4）底面有粉刷层冷轧带肋钢筋预制空心板试件 BPR25～BPR50

试件受火 1min 后，预制空心板与炉盖接缝处出现大量白色烟雾；受火 2min 后，预制空心板表面也开始出现水蒸气，两端用于封堵洞口的砂浆上出现明显水斑；随着受火时间增长，板面及板缝处水蒸气越来越浓，跨中挠度

(a) 试件BP08	(b) 试件BP16	(c) 试件BP24
(d) 试件BP32	(e) 试件BP40	(f) 试件BP48
(g) 试件BP56	(h) 试件BP64	(i) 试件BP72

图 3-6　试件破坏形态（1）

越来越大，可以看到预制空心板明显下挠变形。接近耐火极限时，预制空心板突然在三分点处断裂，炉内火苗蹿出，有大量黑色浓烟升起，此时立即熄火。

　　试验结束待炉温降至 200℃ 以下时开炉，此时可以看到板底 10mm 厚砂浆粉刷层全部脱落，但预制空心板混凝土未出现边角脱落、保护层爆裂、钢筋外露等损伤。楼板在三分点处断裂，仅有预应力钢筋连接。进入炉内可观察到板底混凝土颜色呈浅黄色，楼板侧面混凝土颜色为浅紫红色，但未达到全高。试件破坏形态如图 3-7 所示。

　　5）底面无粉刷层冷拔低碳钢丝预制空心板试件 BP16′～BP48′

　　试件受火 14～19min 后，预制空心板与盖板接缝处出现少量白色烟雾；受

(a) 试件BPR25　　　　　　　　　　(b) 试件BPR50

图 3-7　试件破坏形态（2）

火 22min 后，预制空心板表面及两端开始出现少量水蒸气。随着受火时间增长，白烟越来越浓且板面水蒸气逐渐增多，预制空心板跨中下挠明显且两端有明显的翘起。当达到耐火极限时，跨中挠度急剧增加，试件不能承受所加荷载，试件在跨中或加载点附近断裂，预应力钢筋部分拉断，试件破坏。

开炉后发现，底面无粉刷层预制空心板板底混凝土均呈浅黄色，板侧混凝土呈紫红色的高度随耐火极限的减小而顺次减小，其中试件 BP16′呈紫红色的高度约为 100mm，试件 BP32′约为 80mm，试件 BP48′约为 40mm。所有试件纯弯段板侧及板底有多条裂缝，但未见混凝土边角脱落、保护层爆裂或钢筋外露等严重火灾损伤。试件破坏形态如图 3-8 所示。

(a) 试件BP16′　　　　　　(b) 试件BP32′　　　　　　(c) 试件BP48′

图 3-8　试件破坏形态（3）

综上所述，未受火预制空心板、带粉刷层持荷受火预制空心板、无粉刷层持荷受火预制空心板破坏形态类似，均发生跨中纯弯区段受拉裂缝引起的弯曲破坏。但与未受火预制空心板相比，受火预制空心板破坏时的跨中挠度显著增大。

3.2.3　试验结果与分析

1）预制空心板温度场

为了解受火过程中预制空心板截面不同高度处温度场的变化情况，在预制空心板板顶和孔洞内布置了热电偶。

（1）底面有粉刷层试件 BP08～BP72、BPR25、BPR50

试件不同位置温度变化见图 3-9。

由图 3-9 可知：

① 水平炉的实测升温曲线与设定的升温曲线比较接近，前 10min 温差较大，随着受火时间的增长，炉内平均温度逐渐接近设定温度。实测炉温与设定炉温的曲线趋势基本一致，符合试验要求。

② 在相同受火时间时，试件孔洞内的温度均明显大于各自的板顶温度，试件破坏前不同孔洞内的温度基本一致。

③ 所有试件孔洞内和板面的温升梯度基本相似，即持荷水平对孔洞内和板面温升梯度无明显影响。

④ 试件 BP16、BP32、BP40、BP48 和 BP56 破坏后，孔洞内三分点处一个热电偶采集到明显的温度突变，说明该处热电偶接触到明火或者更高的温度，这与试件 BP16、BP32、BP40、BP48 和 BP56 均在三分加载点位置破坏相吻合。

（2）底面无粉刷层试件 BP16′～BP48′

试件 BP16′～BP48′不同位置温度变化以及与相同受火时间底面有无粉刷层试件温度对比见图 3-10。

从图 3-10（a）～图 3-10（c）可知，在相同受火时间时，试件孔洞内的温度均明显大于各自的板顶温度；持荷水平对孔洞内和板面温升梯度无明显影响。

从图 3-10（d）～图 3-10（f）可知，无粉刷层试件在受火过程中，孔洞内温度和板面温度均明显高于有粉刷层试件，这是因为水泥砂浆粉刷层作用类似于混凝土保护层，对预制空心板截面温度场变化影响较大，进而影响预制空心板的耐火极限。

2）预制空心板耐火极限试验结果

根据国家标准《建筑构件耐火试验方法 第 1 部分：通用要求》GB/T 9978.1—2008 的规定，预制空心板耐火极限需要从失去承载能力、完整性和

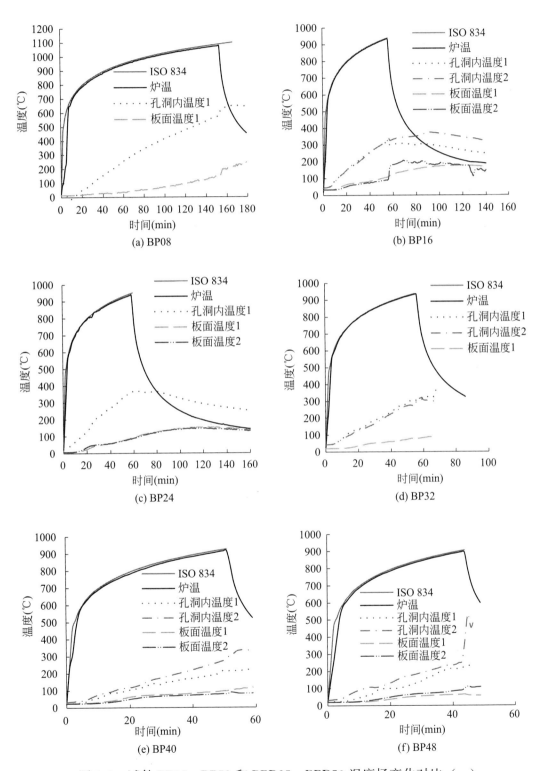

图 3-9　试件 BP08～BP72 和 BPR25、BPR50 温度场变化对比（一）

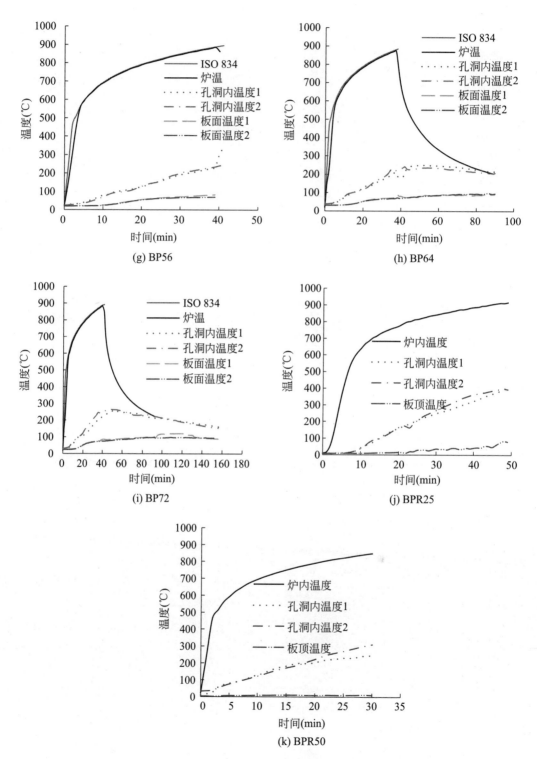

图 3-9　试件 BP08～BP72 和 BPR25、BPR50 温度场变化对比（二）

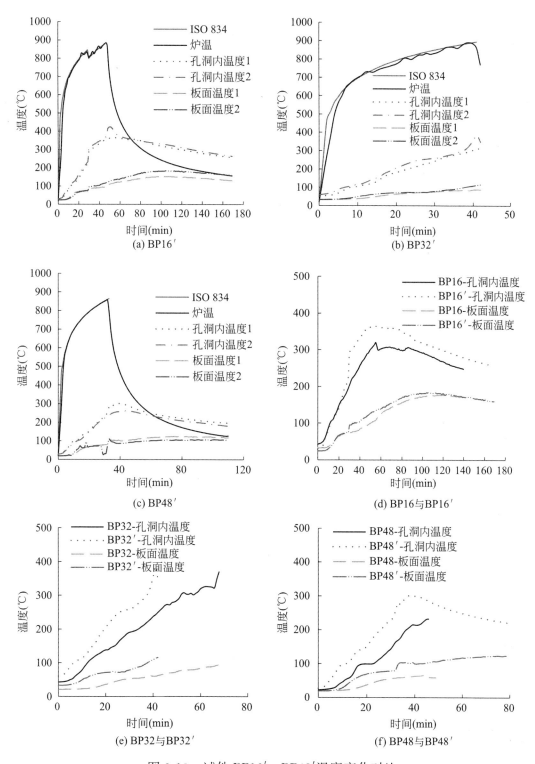

图 3-10　试件 BP16′~BP48′温度变化对比

隔热性这三个指标进行综合判定。由测得的板面温度可知，预制空心板破坏前板面平均温升未超过初始温度140℃，且任一点位置的温升未超过初始温度180℃，因此需通过跨中挠度、跨中挠度变化率和试件破坏综合确定预制空心板的耐火极限。对于选用的 YKB-5-39-3、YKB$_{R8}^{R6}$39A-52 预制空心板，当跨中挠度达 $L^2/400d=270$mm，或跨中挠度变化率大于 $L^2/9000d=12$mm/min，或持荷预制空心板断裂破坏时，即到达耐火极限。

具体耐火极限试验结果见表 3-3。

表 3-3

耐火极限试验结果

试件编号	荷载/kN	耐火极限/min			
		按试件破坏判别	按跨中挠度判别	按跨中挠度变化率判别	耐火极限确定
CB1		—	—	—	—
CB2	$P_u=21.2$	—	—	—	—
CB3		—	—	—	—
BP08	$8\%\overline{P}_u=1.69$	154	154	154	154
BP16	$16\%\overline{P}_u=3.39$	56	56	55	55
BP16′	$16\%\overline{P}_u=3.39$	48	—	47	47
BP24	$24\%\overline{P}_u=5.08$	—	—	59	59
BP32	$32\%\overline{P}_u=6.77$	56	56	53	53
BP32′	$32\%\overline{P}_u=6.77$	41	41	38	38
BP40	$40\%\overline{P}_u=8.46$	52	52	49	49
BP48	$48\%\overline{P}_u=10.16$	44	—	43	43
BP48′	$48\%\overline{P}_u=10.16$	33	—	31	31
BP56	$56\%\overline{P}_u=11.85$	41	41	39	39
BP64	$64\%\overline{P}_u=13.54$	38	38	36	36
BP72	$72\%\overline{P}_u=15.24$	—	39	35	35
CBR1		—	—	—	—
CBR2	$P_{ul}=13.6$	—	—	—	—
CBR3		—	—	—	—
BPR25	$25\%\overline{P}_{ul}=3.40$	49	—	47	47
BPR50	$50\%\overline{P}_{ul}=6.80$	30			30

注：$\overline{P}_u$、$\overline{P}_{ul}$ 为相应三个静载对比试件极限荷载的平均值。

由表 3-3 可知：预制空心板的耐火极限随荷载比的增加逐渐减小；与相同荷载比冷拔低碳钢丝预制空心板试件相比，冷轧带肋钢筋预制空心板试件的耐火极限较低；板底有水泥砂浆粉刷层的预制空心板试件耐火极限明显大于板底未涂抹水泥砂浆粉刷层的预制空心板试件。

3.3　带约束预应力混凝土空心板整浇楼面耐火性能试验研究

实际工程中，预制空心板楼面多通过板面整浇层和圈梁相连，以提高楼面整体性和抗连续倒塌能力。整浇层和圈梁对预制空心板楼面有明显的约束，带约束预制空心板楼面的耐火性能与预制空心板单板有明显差异。基于此，本节在预制空心板单板耐火极限研究基础上，开展带约束预制空心板整浇楼面的耐火性能研究，以期为预制空心板整浇楼面的防火设计和火灾后鉴定评估提供科学依据[3-11]。

3.3.1　试验概况

1）试件设计

试验设计了 3 个带约束预制空心板整浇楼面试件，试件编号分别为 HS-1～HS-3，其中试件 HS-1 是未受火对比试件、试件 HS-2 和 HS-3 为耐火极限试验试件，持荷比（施加的竖向荷载与对比试件 HS-1 的承载力之比）分别为 0.3 和 0.5。所有试件的尺寸、配筋及养护条件均完全一致，具体的试件尺寸和配筋见图 3-11。边梁尺寸根据一般砌体结构常用圈梁尺寸选取。

预制空心板选用江苏省结构构件标准图集《120 预应力混凝土空心板图集（冷轧带肋钢筋）》（苏 G9401）中的 YKB$_{R8}^{R6}$36A-52（图 3-12），预制空心板名义高度为 120mm、名义宽度为 500mm。混凝土设计强度等级为 C30，冷轧带肋钢筋为 7ϕ^R5，采用 LL650 级，预应力采用先张法施加，施工时单根钢筋张拉力为 8.7kN。

每个试件由 4 块预制空心板、边梁和整浇层构成，预制空心板养护完成后，在板底涂抹厚 10mm 配比为 1：2 的水泥砂浆粉刷层，模拟预制空心板的实际工作状态。边梁和整浇层的浇筑分两次完成，首先浇筑四周混凝土边梁至预制空心板板底位置（高 130mm，见图 3-11），待边梁混凝土强度达到设计强

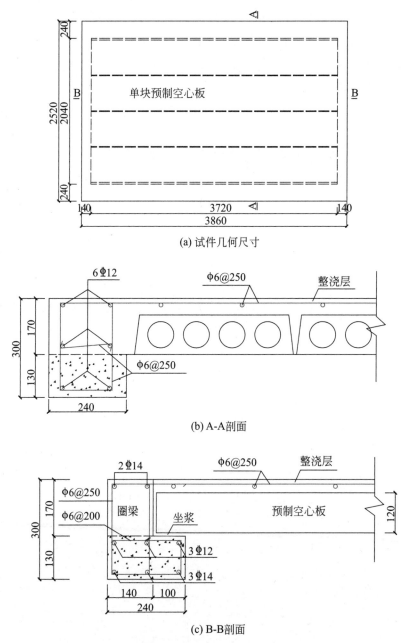

图 3-11 试件尺寸和配筋图（单位：mm）

注：阴影部分为分批浇筑的第一次浇筑

度的 80％后，将预制空心板搁置在边梁上，绑扎整浇层钢筋，浇筑设计强度等级为 C30 的细石混凝土整浇层，同时浇筑边梁剩余部分（上部 170mm，见图 3-11）。

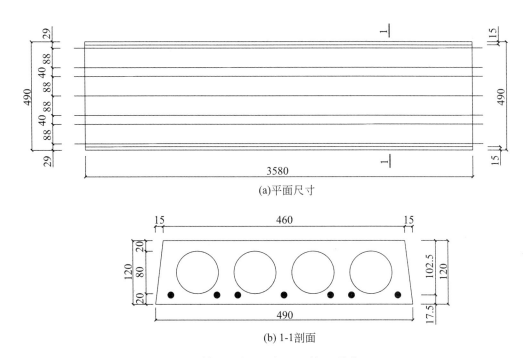

图 3-12　预制空心板尺寸和配筋（单位：mm）

2）试验材料

试件采用普通商品混凝土浇筑，其中粗骨料为硅质，实测混凝土力学性能见表 3-4，实测钢筋力学性能见表 3-5。

混凝土实测力学性能　　　　　　　　　　　　　　　表 3-4

等级	f_c/MPa	E_c/MPa
C30（第一次浇筑）	34.6	3.11×10^4
C30（细石混凝土）	32.3	3.12×10^4
C30（预制空心板）	36.2	3.12×10^4

注：f_c 为轴心抗压强度；E_c 为混凝土弹性模量。

钢筋实测力学性能　　　　　　　　　　　　　　　　表 3-5

等级	f_y/MPa	f_u/MPa	E_s/MPa
HPB300	314.6	429.1	2.09×10^5
HRB400	427.4	604.6	2.06×10^5
LL650	603.8	694.7	1.94×10^5

注：f_y 为屈服强度；f_u 为极限强度；E_s 为钢筋弹性模量。

3）试验装置

试验在大型水平试验炉上进行。带约束预制空心板整浇楼面试件的边梁搁置在水平炉炉壁上。采用1000kN油压千斤顶进行加载，为模拟预制空心板整浇楼面受均布荷载作用，采用12点加载分配系统。为记录试验过程中荷载大小，在油压千斤顶与反力架之间布置1000kN压力传感器。试验加载装置如图3-13所示。

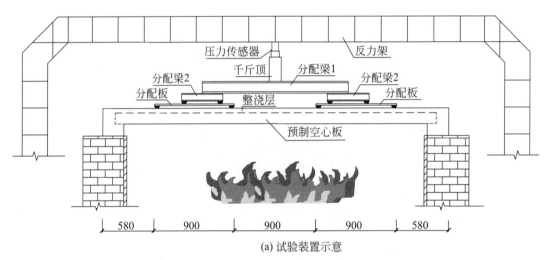

(a) 试验装置示意

(b) 试验装置照片

图 3-13　加载装置图

4）量测方案

考虑结构的对称性，位移测点布置如图 3-14 所示，热电偶布置如图 3-15 所示。

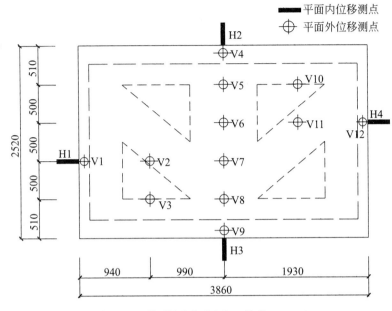

图 3-14　位移测点布置（单位：mm）

5）加载方案

试件 HS-1 分级加载至破坏，试件 HS-2、HS-3 先分级加载至预定荷载，持荷 10min 后在恒载—升温条件下，按照 ISO 834 标准升温曲线进行升温。预制空心板整浇楼面底面与边梁侧面受火。

3.3.2　试验现象

1）静载对比试件 HS-1

试件 HS-1 加载初期，表现为弹性变形特征，挠度和应变均较小且随荷载增加呈线性增长特征，整浇楼面没有明显变化。当荷载增加至 480kN 时，板角出现弧形斜裂缝 [图 3-16（e）中裂缝①]，裂缝宽度约 0.1mm。当荷载增加至 530kN 时，长向边梁角部梁侧面出现 45°斜裂缝。随着荷载继续增加，裂缝逐渐增多。板角裂缝逐渐延伸到梁边，梁侧裂缝不断向上发展，板角弧形裂缝与梁侧面 45°斜裂缝相连，裂缝宽度不断加大。试件截面弯曲刚度逐渐降低，跨中挠度呈非线性增长，构件下挠明显。当荷载增加至 700kN 时，边梁角部受损明显，裂缝宽度达 2.5mm；板面跨中区域出现一条沿板长跨方向的裂缝 [图 3-16（e）中裂缝②]，并在一个加载点垫板处出现混凝土局部压碎。当荷

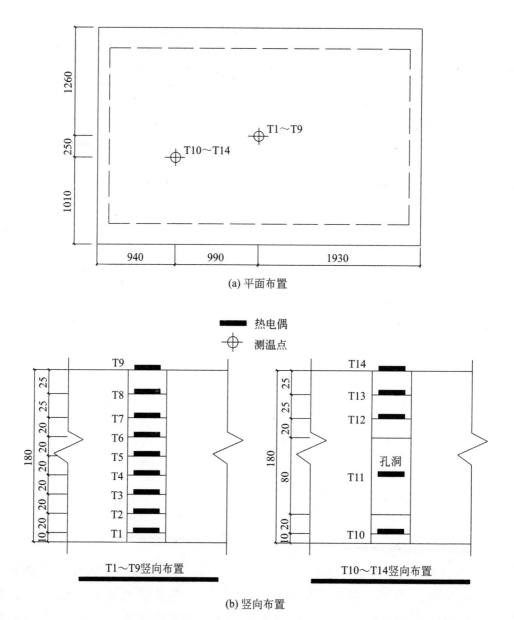

(a) 平面布置

■ 热电偶

⊕ 测温点

T1～T9竖向布置

T10～T14竖向布置

(b) 竖向布置

图 3-15 热电偶布置（单位：mm）

载增加至 720kN 时，伴随一声巨响，钢筋拉断，跨中挠度突然增加约 30mm，试件破坏。试件 HS-1 破坏特征见图 3-16。

2) 耐火极限试件 HS-2 和 HS-3

试件 HS-2 施加到指定荷载 216kN（持荷比 0.3）时，边梁跨中竖向挠度为 3.1mm。受火 14min，听到轻微响声，有白色烟雾；受火 15～33min，声响

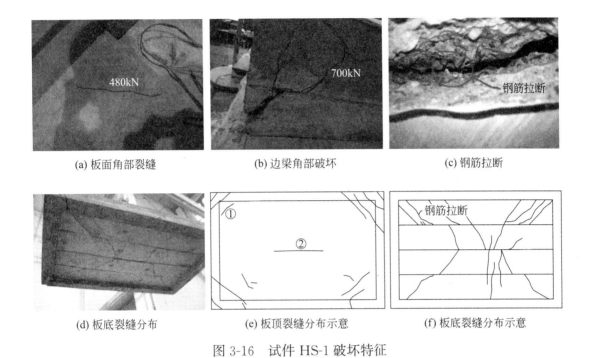

(a) 板面角部裂缝　　　　　　(b) 边梁角部破坏　　　　　　(c) 钢筋拉断

(d) 板底裂缝分布　　　　(e) 板顶裂缝分布示意　　　　(f) 板底裂缝分布示意

图 3-16　试件 HS-1 破坏特征

逐渐增大，板底水泥砂浆粉刷层脱落；受火 44min，板角出现弧形微裂缝 ［图 3-17 （f）中裂缝①］；受火 46min，板面沿着裂缝出现水渍；受火 51min，长向边梁角部出现裂缝并伴有水渍，短向边梁跨中出现水渍并不断蔓延、裂缝不断加宽；受火 62min，短向边梁角部开裂，水渍从梁底向梁顶发展；受火 70min，长向边梁顶面出现垂直于长跨方向的裂缝 ［图 3-17 （f）中裂缝②］；受火 71min，开始出现水蒸气，裂缝变宽；受火 80min，水蒸汽不断蒸发，板面裂缝逐渐清晰，长向边梁顶面裂缝增多，出现平行于长跨方向的裂缝 ［图 3-17 （f）中裂缝③］；受火 110min，水蒸汽加速蒸发，并伴有沸腾的滋滋声，裂缝越来越清晰。受火 132min，板面水蒸汽蒸发基本结束，板面温度达到 78℃，跨中挠度变化速率迅速增大；伴随一声巨响，钢筋拉断，预制空心板断裂，板面整浇层混凝土局部压碎 ［图 3-17 （f）中裂缝④］，跨中挠度突然增加 18mm，裂缝宽度达 2mm，试件破坏。

　　自然冷却后将试件吊起，观察到板底混凝土呈浅黄色，边上一块预制空心板断裂，仅剩胡子筋与边梁相连；板底混凝土全部酥松、手碾即成粉，预制空心板孔洞暴露，局部露筋。试件 HS-2 破坏特征见图 3-17。

　　试件 HS-3 施加到预定荷载 360kN （持荷比 0.5）时，边梁跨中竖向挠度

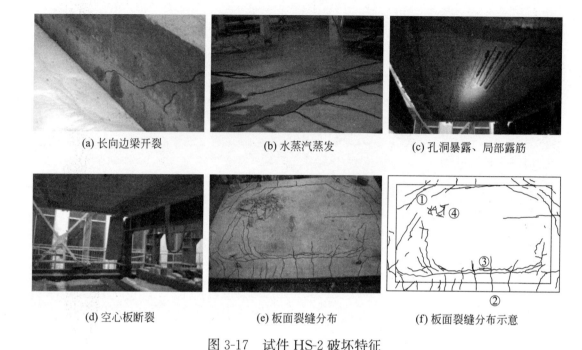

(a) 长向边梁开裂	(b) 水蒸汽蒸发	(c) 孔洞暴露、局部露筋
(d) 空心板断裂	(e) 板面裂缝分布	(f) 板面裂缝分布示意

图 3-17　试件 HS-2 破坏特征

为 5.4mm。受火 5min，伴随声响，板底水泥砂浆粉刷层爆裂脱落，有白色烟雾；受火 22min，短向边梁侧面中间部位出现水渍；受火 25min，板面角部出现裂缝［图 3-18（e）中裂缝①］，长向边梁侧面角部出现斜裂缝；受火 26min，短向边梁侧面角部出现斜裂缝；受火 36min，梁角部冒烟，裂缝逐渐增多，长向边梁顶部出现垂直于梁边的裂缝［图 3-18（e）中裂缝②］，梁边出现平行于梁边的裂缝［图 3-18（e）中裂缝③］；继续受火，油泵持荷恒定时间越来越短；受火 73min，跨中挠度突然增大 7mm，根据国家标准《建筑构件耐火试验方法第 1 部分：通用要求》GB/T 9978.1—2008 的规定，判定试件达到耐火极限。

待自然冷却至常温，将试件吊起，可见预制空心板板底混凝土呈现浅黄色，局部露筋，预制空心板孔洞暴露。试件 HS-3 破坏特征见图 3-18。

3.3.3　试验结果与分析

1）试件 HS-1 荷载—位移曲线

试件 HS-1 的荷载—跨中挠度曲线见图 3-19。试件 HS-1 的荷载—支座水平位移和荷载—支座竖向位移曲线分别见图 3-20 和图 3-21。图中跨中挠度以

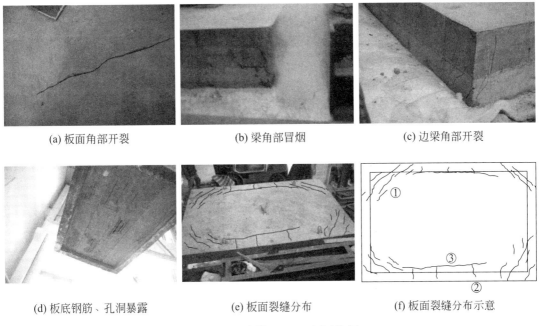

(a) 板面角部开裂	(b) 梁角部冒烟	(c) 边梁角部开裂

| (d) 板底钢筋、孔洞暴露 | (e) 板面裂缝分布 | (f) 板面裂缝分布示意 |

图 3-18　试件 HS-3 破坏特征

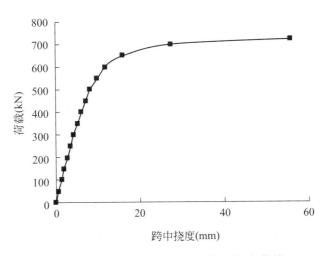

图 3-19　试件 HS-1 荷载—跨中挠度曲线

竖直向下为正，支座水平位移以向外为正，支座竖向位移以竖直向上为正。

　　从图 3-19～图 3-21 可知，在加载初期，对比试件 HS-1 各测点处荷载—位移曲线基本呈线性，且支座处几乎没有位移，主要是因为试件尚未开裂，截面刚度削弱有限。随着荷载增大，挠度变化率略有增大，挠度非线性不明显。当荷载达到 600kN 后，挠度变化呈明显的非线性；当荷载达到 720kN 时，钢筋

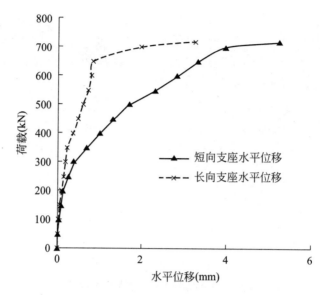

图 3-20 试件 HS-1 荷载—支座水平位移曲线

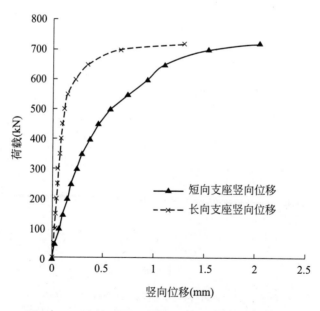

图 3-21 试件 HS-1 荷载—支座竖向位移曲线

拉断,位移突然增加近 30mm,试件破坏。支座处水平及竖向位移均较小,支座向外水平位移最大值约 5.4mm,竖向位移最大值约 2mm,四周边梁约束了预制空心板整浇楼面的转动。板面和板底裂缝呈现典型的双向板受力破坏特征,说明混凝土整浇层及边梁有效地改善了预制空心板的耐火性能。

2）温度场

为了解受火过程中试件截面温度场以及炉温变化，采用热电偶进行了量测，炉温曲线和试件截面不同高度温度变化曲线见图 3-22。

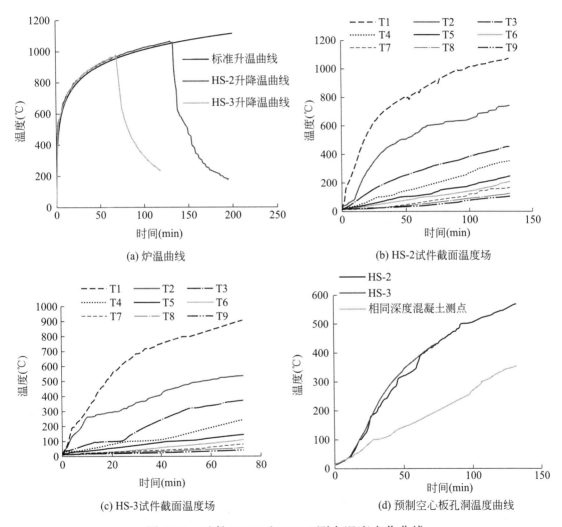

(a) 炉温曲线

(b) HS-2试件截面温度场

(c) HS-3试件截面温度场

(d) 预制空心板孔洞温度曲线

图 3-22 试件 HS-2 和 HS-3 测点温度变化曲线

由图 3-22 可知：①炉温曲线和 ISO 834 标准升温曲线吻合较好；②所有测点的温度均随受火时间增加而升高，但由于混凝土是热惰性材料，导致板内混凝土的温度升高较受火面滞后；③距离受火面超过 50mm 的热电偶测点在约 100℃时有一个温度平台，主要是由于混凝土内部水分蒸发大量吸热，升温变慢；④由于孔洞内空气的导热系数比混凝土小，孔洞温度明显高于相同深度混凝土测点的温度；⑤持荷大小对于相同受火时间整浇楼面试件的温度场基本无影响。

3）耐火极限

根据国家标准《建筑构件耐火试验方法 第 1 部分：通用要求》GB/T 9978.1—2008 的规定，带约束预制空心板整浇楼面试件的耐火极限需要从失去承载能力、完整性和隔热性进行综合判定。由测得的板面温度可知，预制空心板整浇楼面破坏前板面平均温升未超过 140℃，且任一点位置的温升未超过 180℃，因此通过跨中挠度、跨中挠度变化率和试件破坏综合确定预制空心板整浇楼面的耐火极限。对于试件 HS-2、HS-3，当跨中挠度达到 57.8mm、跨中挠度变化率达到 2.57mm/min，或试件破坏时，判定试件达到耐火极限。具体试验结果见表 3-6。

试件耐火极限　　　　　　　　　　　　　　　　表 3-6

试件编号	P	耐火极限/min			
		试件破坏判别	挠度判别	挠度变化率判别	耐火极限
HS-2	$0.3F_1=216\text{kN}$	132	132	132	132
HS-3	$0.5F_1=360\text{kN}$	—	75	73	73

注：F_1 为对比试件 HS-1 的极限承载力。

各试件受火过程中跨中挠度随受火时间 t 的变化见图 3-23，跨中挠度变化率随受火时间 t 的变化见图 3-24，各支座水平位移随受火时间 t 的变化见图 3-25，支座竖向位移随受火时间 t 的变化见图 3-26。图中跨中挠度以竖直向下为正，支座水平位移以向外为正，支座竖向位移以竖直向上为正。

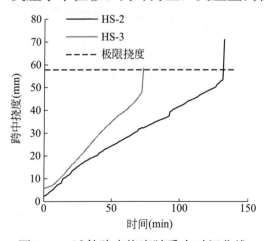
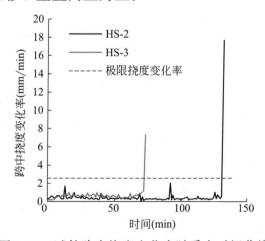

图 3-23　试件跨中挠度随受火时间曲线　图 3-24　试件跨中挠度变化率随受火时间曲线

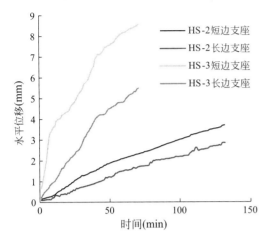

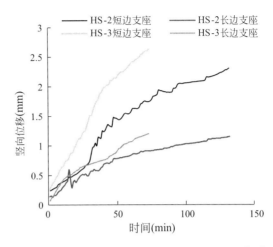

图 3-25　试件支座水平位移随受火时间曲线　图 3-26　试件支座竖向位移随受火时间曲线

由表 3-6 和图 3-23～图 2-26 可知：①随着持荷比增大，耐火极限显著降低；②支座竖向位移较小，基本没有翘曲，支座水平位移略大于竖向位移，短边支座位移大于长边支座位移；③从试件破坏、跨中挠度、跨中挠度变化率三个指标综合考虑的耐火极限相近，试件耐火极限取三者中的最小值。

3.4　预应力混凝土空心板火灾性能数值分析

由于明火试验普遍存在试验难度大、经费要求多等制约因素，数值模拟分析已成为火灾研究一种主要的辅助研究手段。预制空心板孔洞中由于孔内表面各处温度不同，且存在弱吸收性介质，孔洞内温度分布不均匀，其传热是一个复杂的过程。预制空心板升温后，混凝土和钢筋材性不断劣化，结构变形增大，承载力降低，同时产生温度应力及应力重分布，是一个复杂的热—力耦合过程。本节通过采用通用有限元软件 ABAQUS 进行数值分析，进一步深入研究预制空心板在火灾下的传热机理和力学性能[3-12]。

3.4.1　基本原理

1）温度场分布分析

火灾下，热空气主要通过辐射、对流向构件传热，而构件内部通过热传导来传热[3-13]。

根据传热学的基本原理，对于钢筋混凝土结构来说，其三维瞬态热传导方程为：

$$\rho c \frac{\partial T}{\partial t} = \lambda \left(\frac{\partial^2 T}{\partial x^2} + \frac{\partial^2 T}{\partial y^2} + \frac{\partial^2 T}{\partial z^2} \right) \tag{3-6}$$

式中：ρ 为材料的密度，kg/m³；c 为材料的质量热容，J/(kg·K)；λ 为材料导热系数，W/(m·K)；t 为受火时间，s。

在火灾情况下，构件受火面一般同时存在对流和辐射两种热交换方式，即：

$$\partial \left(\frac{\partial T}{\partial x} l_x + \frac{\partial T}{\partial y} l_y + \frac{\partial T}{\partial z} l_z \right) = h_c (T_f - T_s) + h_r \sigma (T_f^4 - T_s^4) \tag{3-7}$$

式中：h_c 为环境和边界之间的对流换热系数，W/(m²·K)；h_r 为环境和边界之间的辐射换热系数，W/(m²·K)；σ 为波尔兹曼常数，$\sigma = 5.67 \times 10^{-8}$W/(m²·K⁴)；$T_f$ 为环境空气绝对温度，K；T_s 为构件边界绝对温度，K；l_x、l_y 和 l_z 为构件边界的方向余弦。

采用通用有限元软件 ABAQUS 提供的热传递分析步（Heat Transfer）进行温度场分布分析，在相互作用（Interaction）功能模块，通过表面热对流（Surface film condition）和表面热辐射（Surface radiation）来定义构件表面的热边界条件，通过预定义场（Predefined field）来定义构件的初始温度，根据傅里叶导热定律进行热传导计算。

2）**热—力耦合分析**

耦合场分析是指在有限元分析过程中考虑两种或者多种工程学科（物理场）的交叉作用和相互影响（耦合）。耦合场分析可归纳为直接耦合法和间接耦合法[3-14]。

直接耦合法利用包含所有必须自由度的耦合单元类型，仅通过一次求解就能得出耦合场分析结果，适用于多个物理场各自的响应互相依赖的情况。直接耦合分析往往是非线性的，每个节点上的自由度越多，矩阵方程越庞大，耗费的机时也越多。在这种情形下，耦合是通过计算包含所有必须项的单元矩阵或单元荷载矢量来实现的。

间接耦合法是按照顺序进行两次或更多次的相关场分析。它是通过把第 1 次场分析的结果作为第 2 次场分析的荷载来实现两种场的耦合。这种方法只考虑了温度场对结构场的影响，不考虑结构场对温度场的影响。间接热—力耦合分析是将热分析得到的节点温度作为体荷载施加在后续的应力分析中来实现耦合。

　　本节采用通用有限元软件 ABAQUS 中提供的顺序耦合（即间接耦合）的方法进行预制空心板热—力耦合分析，仅考虑温度场对结构场的影响，不考虑结构场对温度场的影响。分析分两步：第一步进行温度场分布分析，得到温度场分布；第二步进行热—力耦合分析，首先将荷载施加到模型上，然后保持荷载不变导入温度场。预制空心板截面温度场通过预定义场施加到模型上。荷载条件同试验条件保持一致，耦合模型的网格分布和编号与温度场分析的网格分布和编号相同。

3.4.2　单板数值分析

1）温度场分布分析

　　混凝土、冷拔低碳钢丝和冷轧带肋钢筋的热工性能根据欧洲规范 EC2[3-15] 和 EC4[3-16] 取值，水泥砂浆的热工性能参考欧洲规范 EC2[3-15] 中轻骨料混凝土的建议取值。孔洞中的空气等效成一种导热固体材料，其热工参数参考空气的取值[3-17]，见表 3-7。

空腔内空气等效导热固体材料的热工参数　　　　　表 3-7

温度 $T/$ ℃	质量密度 $\rho/$ kg/m³	比热 $C_p/$ J/(kg·℃)	导热系数 $\lambda/$ W/(m·K)
20	1.205	1005	259
40	1.128	1005	276
60	1.060	1005	290
80	1.000	1009	305
100	0.946	1009	321
160	0.815	1017	364
200	0.746	1026	393
250	0.674	1038	427
300	0.615	1047	460
350	0.566	1059	491
400	0.524	1068	521

续表

温度 $T/$ ℃	质量密度 $\rho/$ kg/m³	比热 $C_p/$ J/(kg·℃)	导热系数 $\lambda/$ W/(m·K)
500	0.456	1093	574
600	0.404	1114	622
700	0.362	1135	671
800	0.329	1156	718
900	0.301	1172	763
1000	0.277	1185	807
1100	0.257	1197	850
1200	0.239	1210	915

混凝土、水泥砂浆层和空气等效部分采用八节点三维实体热分析单元（DC3D8），钢筋采用二节点杆单元（DC1D2）。假设钢筋和混凝土、水泥砂浆层和混凝土、空气等效部分与混凝土之间完全接触，采用 Tie 将重合的节点温度自由度进行耦合。有无水泥砂浆层的模型见图 3-27。

(a) 有水泥砂浆层的模型

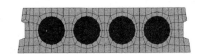

(b) 无水泥砂浆层的模型

(c) 混凝土材料部分

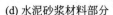

(d) 水泥砂浆材料部分

(e) 空气等效导热材料部分

图 3-27　有限元分析模型

火灾温度采用 ISO 834 国际标准升温曲线[3-4]，室温定义为 20℃。根据欧洲规范 EC1[3-18]，受火面的对流换热系数取 25W/(m²·K)，辐射系数取 0.5，非受火面的对流换热系数取 9W/(m²·K)。

由于持荷水平对预制空心板单板温度分布影响较小，取耐火极限较长的试件 BP16 和 BP32′进行模拟，并与试验结果进行对比。模拟得到的试件 BP16 和 BP32′的横截面温度场分布见图 3-28，与试验结果的对比见图 3-29 和图 3-30。

由图 3-28～图 3-30 可以看出：

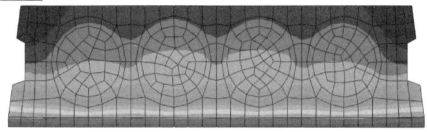
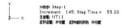

(a) 试件BP16

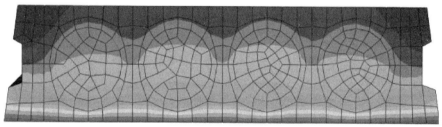

(b) 试件BP32′

图 3-28　典型预制空心板试件截面温度场分布

① 各测点温度随受火时间增加逐渐升高。离受火面越近温度越高，截面温度分布由板底向板顶逐渐降低，楼板温度场呈明显的层状分布。

② 有限元模拟的孔洞内温度值略高于孔洞内热电偶的温度实测值，且随着受火时间的增加，差值也逐渐增加，但基本趋势一致。主要原因是试验时孔洞端部用耐火石棉封堵后再用水泥砂浆密封，尚不能达到理想的封闭状态；而有限元模型中，将两端设定为理想绝热面。

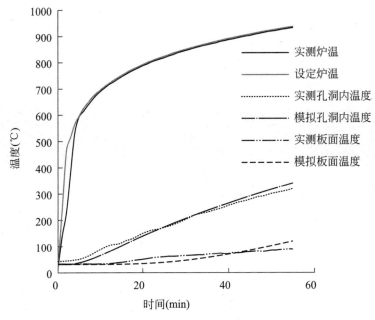

图 3-29　试件 BP16 温度变化

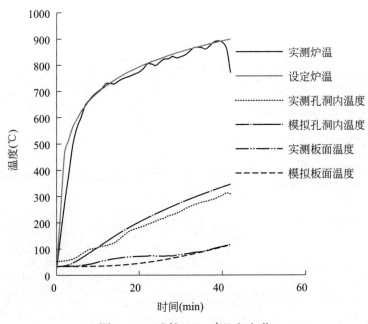

图 3-30　试件 BP32′温度变化

③ 有限元模拟的板面温度值与温度实测值接近。

2）**热—力耦合分析**

通用有限元软件 ABAQUS 提供了混凝土弥散裂纹本构模型和混凝土塑性

损伤本构模型。弥散型本构模型适用于低围压下单调加载的混凝土；塑性损伤本构模型（Concrete Damaged Plasticity，CDP）适用于低围压时，混凝土受到单调、循环或动载作用下的力学性能，本节选择 CDP 模型来模拟混凝土。塑性损伤本构模型结合非相关多重硬化塑性和各向同性弹性损伤理论来表征材料断裂过程中发生的不可逆损伤行为，在受到周期荷载作用时，可以控制材料的刚度恢复。其中刚度恢复系数是混凝土力学行为中很重要的一个方面，通用有限元软件 ABAQUS 允许用户自定义刚度恢复系数 W_t 和 W_c，其取值范围为 0~1。当取 0 时认为刚度完全没有恢复，取 1 时认为刚度完全恢复[3-19]，图 3-31 为混凝土应力转向时弹性模量恢复示意图。

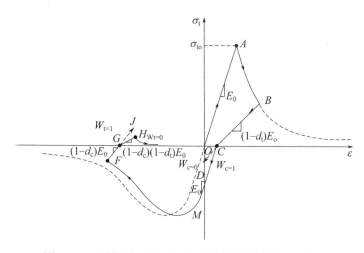

图 3-31　混凝土应力转向时弹性模量恢复示意图

钢筋采用通用有限元软件 ABAQUS 提供的等向弹塑性模型，满足 von Mises 屈服准则、随动强化准则和关联流动法则。对于钢筋单元，认为只承受轴向拉压，而不承受横向剪切，这种模型多用于模拟金属材料的弹塑性性能。

混凝土、冷拔低碳钢丝和冷轧带肋钢筋高温下材料性能折减系数根据欧洲规范 EC2[3-15] 和 EC4[3-16] 取值；混凝土应力—应变曲线根据欧洲规范 EC2[3-15] 取值；冷拔低碳钢丝和冷轧带肋钢筋采用 von Mises 屈服准则，应力—应变曲线采用双折线模型。

混凝土采用八节点三维非协调线性实体单元（C3D8I），钢筋采用二节点杆单元（T3D2）。假设钢筋和混凝土之间完全接触，采用嵌入（Embedment）将钢筋植入混凝土中。不考虑水泥砂浆层的作用，荷载通过面荷载进行施加

（图 3-32），为防止支座处局部应力集中，在支座处设置垫块，垫块与预制空心板的接触采用 Tie 约束，见图 3-33。

图 3-32　施加面荷载

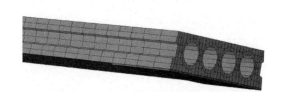

图 3-33　垫块与板交界处网格划分

采用降温法来施加钢筋的预应力，降温幅度按式（3-8）计算：

$$\Delta t = \frac{-F}{\alpha E_s S} = \frac{-S\sigma_{pe}}{\alpha E_s S} = \frac{-\sigma_{pe}}{\alpha E_s} \tag{3-8}$$

式中，

Δt——降温幅值，℃；

σ_{pe}——有效预应力，MPa；常温下预应力损失根据《120 预应力混凝土空心板图集（冷轧带肋钢筋）》（苏 G9401）的规定取值；

α——冷拔低碳钢丝的温度线膨胀系数，取 1.4×10^{-5}℃；

E_s——冷拔低碳钢丝的弹性模量，取 1.9×10^5MPa。

不同持荷水平的预制空心板跨中挠度模拟结果与实测结果对比见图 3-34。

不同持荷水平下预制空心板耐火极限的模拟结果与试验结果对比见表 3-8。

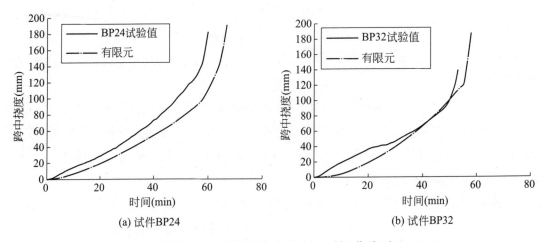

(a) 试件BP24　　　　　　　　　(b) 试件BP32

图 3-34　预制空心板单板跨中挠度—时间曲线对比（一）

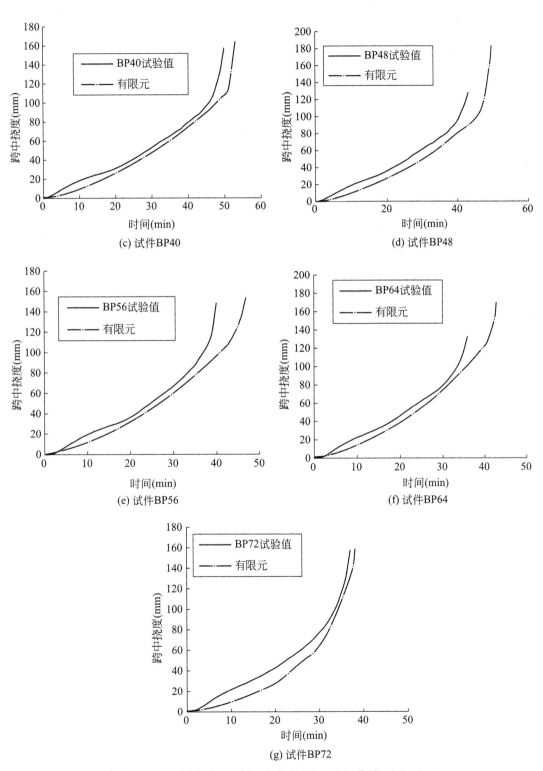

图 3-34　预制空心板单板跨中挠度—时间曲线对比（二）

	耐火极限对比		表 3-8
试件编号	耐火极限/min		误差/%
	试验值	模拟值	
BP24	59	66.0	11.9
BP32	53	57.9	9.2
BP40	49	53.1	8.4
BP48	43	49.6	15.3
BP56	39	47.0	20.5
BP64	36	42.2	17.2
BP72	35	39.6	13.1

从图 3-34 和表 3-8 可以看出，不同持荷水平预制空心板受火时跨中挠度—时间曲线的有限元模拟结果与试验结果趋势基本一致，有限元模拟值偏小；试件的耐火极限模拟值较试验值稍偏大，误差为 8.4%～20.5%，平均误差 13.7%。

3.4.3　整浇楼面数值分析

1）温度场分布分析

与预制空心板单板模型类似，混凝土和钢筋的热工性能根据欧洲规范取值，水泥砂浆的热工性能参考欧洲规范中轻骨料混凝土的建议取值。孔洞中的空气等效成一种导热固体材料，其热工参数参考空气的取值。混凝土、水泥砂浆层和空气等效部分采用八节点三维实体热分析单元（DC3D8），钢筋采用二节点杆单元（DC1D2）。假设钢筋和混凝土、水泥砂浆层和混凝土、空气等效部分与混凝土之间完全接触，采用 Tie 将重合的节点温度自由度进行耦合。

火灾温度采用 ISO 834 国际标准升温曲线[3-4]，室温定义为 20℃。受火面的对流换热系数取 25W/(m² · K)，辐射系数取 0.5，非受火面的对流换热系数取 9W/(m² · K)。

由于持荷水平对预制空心板整浇楼面温度分布影响较小，取耐火极限较长的试件 HS-2 进行模拟，并与试验结果进行对比。模拟得到的试件 HS-2 的横截面温度场分布见图 3-35，与试验结果的对比见图 3-36，图中虚线表示有限元分析结果。

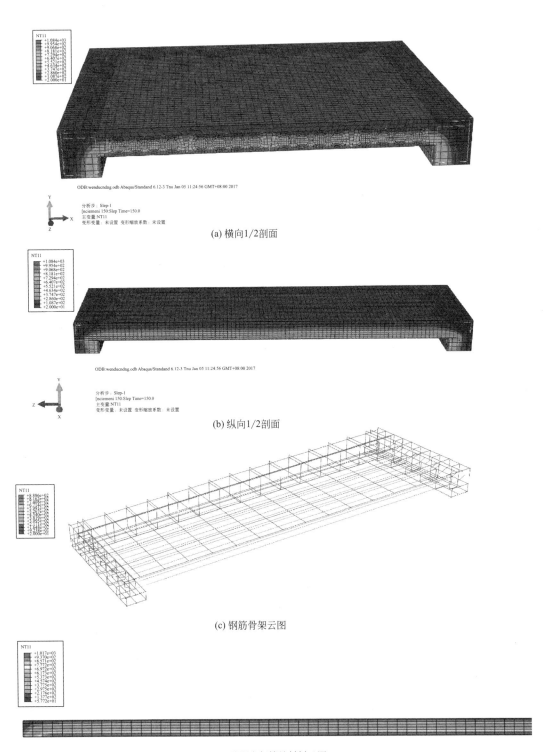

(a) 横向1/2剖面

(b) 纵向1/2剖面

(c) 钢筋骨架云图

(d) 孔洞空气等效材料云图

图 3-35　有限元模拟温度场

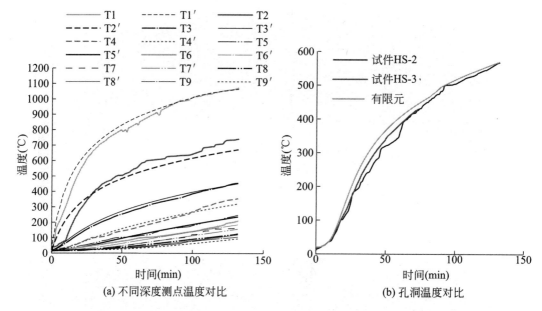

图 3-36　HS-2 试件温度测点试验结果与有限元分析结果对比

由图 3-35、图 3-36 可以看出：

① 随着受火时间增加，受火面温度逐渐升高，且其升高趋势与 ISO 834 曲线相同。通过传导作用，热量逐渐向截面内部传递，但由于混凝土是热惰性材料，导致内部混凝土温度与受火面温度不一致，背火面较受火面存在明显的温度滞后，截面形成呈层状分布的不均匀温度场。

② 通过对比不同受火时间下截面温度分布可知，受火面混凝土较内部混凝土温度要高许多，截面存在很大的温度梯度。钢筋导热性能良好，钢筋温度与附近包裹混凝土温度相近。

③ 随着受火时间逐渐增加，截面温度梯度逐渐减小。主要由于受火初期，受火面附近混凝土温度较高、内部温度低，温度梯度大；随着受火时间增加，受火面温度增长逐渐放缓，由于热传导作用内部混凝土温度开始迅速升高。

④ 距离受火面超过 50mm 的热电偶测点在 100℃ 左右时有一个温度平台，这主要是因为混凝土内部自由水开始蒸发，吸收大量热量，导致温度升高变慢，而有限元模拟中无法考虑水分蒸发所导致的温度升高延迟。因此试验值在升温初期普遍小于有限元模拟值。

⑤ 有限元模拟的孔洞内温度值稍大于孔洞内热电偶的温度实测值，但基本趋势一致。主要是因为试验时孔洞端部用砖头和水泥砂浆密封，尚不能达到

理想的封闭状态；而有限元分析建模时将两端设定为理想绝热面。相同受火时间时，孔洞内温度明显高于板面温度。

2）热—力耦合分析

与预制空心板单板模型类似，混凝土和钢筋高温下材料性能折减系数根据欧洲规范取值。混凝土采用混凝土塑性损伤本构模型，应力—应变曲线根据欧洲规范取值；钢筋采用 von Mises 屈服准则，应力—应变曲线采用双折线模型。混凝土采用八节点三维非协调线性实体单元（C3D8I），钢筋采用二节点杆单元（T3D2）。假设钢筋和混凝土之间完全接触，采用 Embedment 将钢筋植入混凝土中。不考虑水泥砂浆层的作用，荷载通过面荷载施加，模型采用 12 点加载。建模时，建立 12 块加载垫板，加载板与整浇楼面采用 Tie 约束，加载点与加载板采用 Coupling 约束，与实际试验荷载传递过程相同。为防止支座处应力集中，在边梁底面设置垫块，垫块与圈梁的接触也采用 Tie 约束，为了使边梁与垫块变形协调，在垫块与边梁交界处需共用节点，根据整浇楼面静载试验实际约束情况，对垫块竖向自由度进行约束。

带约束预制空心板整浇楼面试件受火过程中跨中挠度随受火时间的数值模拟结果与实测结果对比见图 3-37。由图 3-37 可知，有限元分析得到的跨中挠度稍小于试验结果，但两者趋势基本一致，有限元分析结果能够较准确地反映持荷整浇楼面的耐火特征，可用于整浇楼面试件耐火极限的模拟计算。

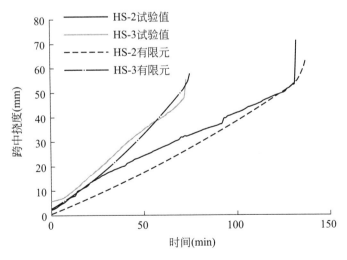

图 3-37　带约束预制空心板整浇楼面跨中挠度—时间曲线对比

以试件 HS-1 的荷载为基准，利用 ABAQUS 软件分析了持荷比 R 分别为

0.2、0.3、0.4、0.5、0.6、0.7、0.8 和 0.9 共 8 种持荷比工况下带约束预制空心板整浇楼面试件的耐火极限，其中耐火极限根据国家标准《建筑构件耐火试验方法 第 1 部分：通用要求》GB/T 9978.1—2008 规定的跨中挠度、跨中挠度变化率限值判断，并与试验结果进行了对比，见表 3-9。

耐火极限的数值模拟分析结果   表 3-9

试件编号	R	P /kN	t_e/min	误差/%
—	0.2	144	226	—
HS-2	0.3	216	139(132)	5.3
—	0.4	288	101	—
HS-3	0.5	360	77(73)	5.5
—	0.6	432	56	—
—	0.7	504	41	—
—	0.8	576	29	—
—	0.9	648	20	—

注：括号内数字为试验值。

3）与预制空心板单板耐火极限对比

将不同持荷比下带约束预制空心板整浇楼面试件耐火极限与预制空心板单板简支边界条件时的耐火极限进行对比，详见图 3-38。相同持荷比 R 下单块简支预制空心板和带约束预制空心板整浇楼面试件耐火极限差值见图 3-39。

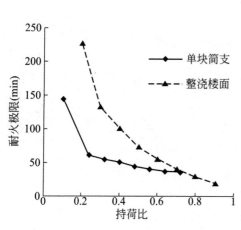

图 3-38　预制空心板单板和整浇楼面耐火极限对比

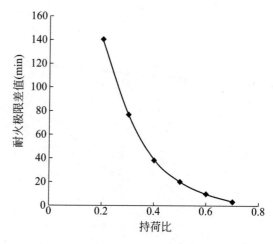

图 3-39　相同持荷比下耐火极限差值

由图 3-38 和 3-39 可知：由于边梁和整浇层的约束作用，带约束预制空心板整浇楼面试件的耐火极限明显大于单块简支预制空心板。两者的耐火极限均随持荷比增加呈幂函数关系减小，但持荷比较小时单块简支预制空心板试件耐火极限下降速率较快。随着持荷比增加，两者耐火极限的差值逐渐减小；当持荷比为 0.2 时两者耐火极限相差达 141min，当持荷比为 0.7 时两者耐火极限相差仅 4min。这主要是因为当持荷比较小时，预制空心板整浇楼面整体工作，破坏时形成了明显的双向板塑性铰线，因此带约束预制空心板整浇楼面试件的耐火极限明显大于简支预制空心板单板；当持荷比较大时，由于预应力钢筋的应力较大，破坏时双向板效应不明显，耐火极限与简支单板接近。当然，图 3-39 给出的耐火极限差值也与预制空心板单板和整浇楼面试件采用的预制空心板及其采用的预应力钢筋不同有关。

3.5 小结

本章分别介绍了单块简支预制空心板和带约束预制空心板整浇楼面试件的耐火性能，并讨论了持荷水平对耐火性能的影响。通过数值模拟分析了预制空心板简支单板和带约束预制空心板整浇楼面的耐火性能，并对两者的耐火极限进行了对比分析。采用通用有限元软件 ABAQUS 和欧洲规范的相关材料参数，建立了用等效固体模拟孔洞受热的模型，温度场和耐火极限数值分析结果与典型试件的试验结果吻合良好。

参考文献

[3-1] 全威. 预应力混凝土空心板火灾性能实验研究 ［D］. 南京：东南大学，2011.
[3-2] 陈振龙. 预制空心板耐火极限及受火后加固试验研究 ［D］. 南京：东南大学，2013.
[3-3] 建筑设计防火规范：GB 50016—2014（2018 年版）［S］. 北京：中国计划出版社，2018.
[3-4] ISO 834-11：2014. Fire resistance tests-elements of building construction-Part 11: Specific requirements for the assessment of fire protection to structural steel ele-

ments［S］．Geneva：International organization for standardization，2014.

［3-5］ ASTM 119-14. Standard Test Methods for Fire Tests of Building Construction and Materials［S］．West Conshohocken：ASTM International，2014.

［3-6］ 建筑构件耐火试验方法 第1部分：通用要求：GB/T 9978.1—2008．北京：中国计划出版社，2008.

［3-7］ 许清风，韩重庆，全威，等．预应力混凝土空心板耐火极限的试验研究［J］．建筑结构，2012，42（11）：111-113.

［3-8］ 许清风，韩重庆，李向民，等．不同持荷水平下预应力混凝土空心板耐火极限试验研究［J］．建筑结构学报，2013，34（3）：20-27.

［3-9］ 120预应力混凝土空心板（冷拔低碳钢丝φb4、φb5）：97沪G306［S］．上海：上海市建工设计研究院，1997.

［3-10］ 120预应力混凝土空心板图集（冷轧带肋钢筋）：苏G9401［S］．南京：江苏省工程建设标准设计站，1994.

［3-11］ 韩重庆，许清风，李梦南，等．受约束预应力混凝土空心板整浇楼面耐火极限试验研究［J］．建筑结构学报，2018，39（5）：52-62.

［3-12］ 陈振龙，韩重庆，许清风，等．底面受火预应力混凝土空心板耐火性能的有限元分析［J］．防灾减灾工程学报，2016，36（3）：478-485.

［3-13］ 孔祥谦．有限单元法在传热学中的应用（第三版）［M］．北京：科学出版社，1998.

［3-14］ 张国智，胡仁喜，陈继刚．ANSYS 10.0热力学有限元分析实例指导教程［M］．北京：机械工业出版社，2007.

［3-15］ EN 1992-1-2. Eurocode 2：Design of concrete structures-Part 1-2：General rules-Structural fire design［S］．Brussels：European Committee for Standarization，2004.

［3-16］ EN 1994-1-2. Eurocode 4：Design of composite steel and concrete structures--Part 1-2：General rules-Structural fire design［S］．Brussels：European Committee for Standardization，2005.

［3-17］ 张学学，李桂馥．热工基础［M］．北京：高等教育出版社，2000.

［3-18］ EN 1991-1-2. Eurocode 1：Actions on structures —Part 1-2：General actions — Actions on structures exposed to fire［S］．Brussels：European Committee for Standarization，2002.

［3-19］ 王金昌，陈页开．ABAQUS在土木工程中的应用［M］．杭州：浙江大学出版社，2006.

第4章 预应力混凝土空心板受火后性能

火灾高温作用下，混凝土和钢筋中发生的物理化学变化使材料的力学性能大幅降低，造成结构构件不同程度的破坏甚至倒塌。自然冷却或浇水冷却后，混凝土力学性能、钢筋力学性能、混凝土与钢筋的粘结锚固性能均不能完全恢复，且火灾后结构构件存在残余变形、裂缝等。火灾受损建筑物能否继续使用，取决于建筑结构受火灾损伤的程度，与火灾后结构构件的残余承载力和残余变形等相关[4-1]。

楼板是火灾中最容易受火的部位，也往往位于火场中温度最高的位置，且由于楼板厚度小，钢筋保护层薄，混凝土和钢筋温度上升较快，火灾后混凝土和钢筋损伤一般均较大。目前国内外学者对混凝土现浇板的火灾后性能已进行了不少的研究，但针对预制空心板火灾后性能的研究还较为欠缺[4-2]。

4.1 预应力混凝土空心板单板受火后性能试验研究

本节通过冷拔低碳钢丝和冷轧带肋钢筋预制空心板受火后性能试验，并与未受火静载试验进行对比，考察不同受火时间后预制空心板承载能力退化和受火损伤规律[4-3]~[4-5]。

4.1.1 试验概况

1）试件设计

共进行了 13 块预制空心板受火后性能的对比试验研究，包括 6 块未受火对比试件。首先进行不持荷条件下的底面受火试验，升温条件符合 ISO 834 标准升温曲线，待试件自然冷却后进行三分点加载试验。

受火试件分为 2 组：第 1 组试件共 4 个，板底受力钢筋为冷拔低碳钢丝，板底均涂抹 10mm 厚配比为 1∶2 的水泥砂浆作为板底粉刷层。受火时间分别为 20min、40min、60min 和 80min，试件编号分别为 B20、B40、B60 和 B80。第 2 组试件共 3 个，板底受力钢筋为冷轧带肋钢筋，板底同样涂抹 10mm 厚配比为 1∶2 的水泥砂浆作为板底粉刷层。受火时间分别为 23min、38min 和 53min，试件编号分别为 BR23、BR38 和 BR53。具体试件信息见表 4-1。

试件信息 表 4-1

试件编号	受火情况	板底受力钢筋类型	板底是否涂抹粉刷层	受火时间/min
B20	底面受火	冷拔低碳钢丝	是	20
B40	底面受火	冷拔低碳钢丝	是	40
B60	底面受火	冷拔低碳钢丝	是	60
B80	底面受火	冷拔低碳钢丝	是	80
BR23	底面受火	冷轧带肋钢筋	是	23
BR38	底面受火	冷轧带肋钢筋	是	38
BR53	底面受火	冷轧带肋钢筋	是	53

2）试验材料

预制空心板型号分别选用上海市建筑标准设计图集《120 预应力混凝土空心板（冷拔低碳钢丝 ϕ^b4、ϕ^b5）》（97 沪 G306）中的 YKB-5-39-3 和江苏省结构构件标准图集《120 预应力混凝土空心板图集（冷轧带肋钢筋）》（苏 G9401）中的 $YKB_{R8}^{R6}39A-52$。空心板名义高度为 120mm，试件的具体尺寸、配筋以及材料实测强度与第三章中相同。

3）试验装置与量测方案

试验在大型水平试验炉中进行，构件在试验炉顶安装就位后按 ISO 834 标准升温曲线进行升温。

预制空心板沿全长底面受火，端部搁置在水平试验炉炉壁上，搁置点间距为 3.6m。受火试验时空心板底面受火、顶面和侧面均为背火面，通过在侧面铺设耐火矿棉来隔绝火源。受火试验装置如图 4-1 所示。

预制空心板受火自然冷却后进行三分点加载试验，支座间距亦为 3.6m。荷载通过液压千斤顶和反力架施加并通过分配梁传递，试验加载装置如图 4-2 所示，荷载单调分级施加，通过 DH3816 静态数据采集系统进行数据采集，荷载均指千斤顶所施加的总荷载。

受火试验的位移计和热电偶的布置同第三章。静载试验过程中，在预制空

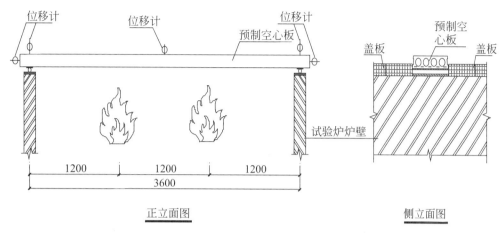

(a) 受火装置示意图

(b) 受火试验实景

图 4-1　预制空心板受火试验装置（单位：mm）

心板支座和跨中位置布置位移计观测变形情况，在跨中截面布置应变片记录跨中截面受力情况，应变片粘贴前需先去除受火后板表面的疏松层。应变片和位移计布置如图 4-3 所示。

4.1.2　试验现象

1）受火试验

受火过程中试件的试验现象类似。升温 20s 左右时，预制空心板与炉盖接缝处开始出现少量白色烟雾；当炉内温度达到 400℃左右时，楼板表面开始出

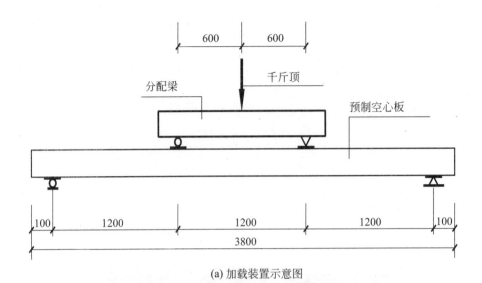

(a) 加载装置示意图

(b) 加载试验实景

图 4-2　试验加载图（单位：mm）

现水蒸气，同时楼板跨中下挠明显；随着受火时间增长，板面水蒸气越来越浓，板跨中下挠非常明显。从开始升温至受火结束，预制空心板板面均未出现可见裂缝。

受火后预制空心板自然冷却过程中，跨中挠度逐渐恢复，但仍有部分残余变形。开炉后发现，预制空心板板底水泥粉刷层大面积脱落，脱落面积与受火时间成正比；板底混凝土颜色变为浅黄色，各受火试件均未见混凝土爆裂或脱落。

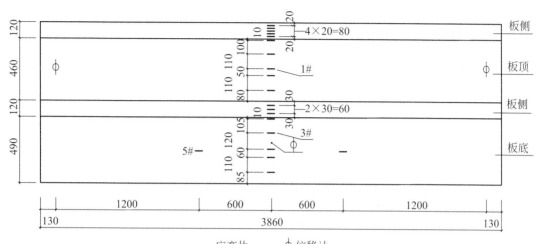

(a) 应变片和位移计布置示意图

(b) 板侧面应变片布置

(c) 支座处位移计布置

图 4-3　位移计和应变片布置图（单位：mm）

2）冷拔低碳钢丝试件 B20～B80 加载试验

试件 B20 和 B40 在荷载增加至极限荷载的 60％～70％时，在跨中附近出现第一条细微裂缝；随着荷载增加，纯弯段弯曲裂缝逐渐增多；加载至极限荷载时，伴随巨大声响，预制空心板在主裂缝处突然断裂为两截破坏，预应力钢丝拉断。试件 B60 和 B80 在荷载增加至极限荷载的 80％左右时，在跨中附近出现第一条裂缝；随着荷载增加，纯弯段弯曲裂缝逐渐增多，楼板挠度变大；加载至极限荷载时，伴随一声闷响，跨中附近板面混凝土部分压碎，冷拔低碳钢丝未拉断。

试件开裂荷载分别为 13.8kN、10.9kN、9.7kN 和 7.8kN；极限荷载分别为 20.4kN、17.5kN、12.0kN 和 9.9kN。试件 B20 和 B60 的破坏形态见

图 4-4。

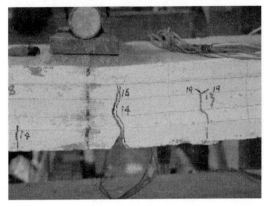

(a) B20   (b) B60

图 4-4　试件 B20 和 B60 破坏形态

3）冷轧带肋钢筋试件 BR23～BR53 加载试验

试件 BR23 在荷载增加至极限荷载的 32% 时，在跨中附近出现第一条细微裂缝；随着荷载增加，纯弯段弯曲裂缝逐渐增多；加载至极限荷载时，伴随巨大声响，预制空心板在主裂缝处突然断裂为两截。试件 BR38 和 BR53 在荷载增加至极限荷载的 22%～26% 时，在跨中附近出现第一条细微裂缝；随着荷载增加，纯弯段弯曲裂缝逐渐增多；加载至极限荷载时，跨中附近板面混凝土部分压碎，冷轧带肋钢筋未拉断。

典型试件破坏形态如图 4-5 所示。

(a) BR23   (b) BR53

图 4-5　典型试件破坏形态

4.1.3　试验结果与分析

1）温度场

为了解受火过程中预制空心板截面不同高度处温度场的变化情况，在预制空心板板顶和孔洞内布置热电偶。

试件 B20～B80 和 BR53 不同位置温度变化见图 4-6。

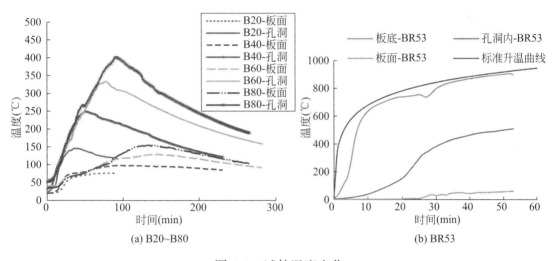

(a) B20～B80　　　　　　　　　(b) BR53

图 4-6　试件温度变化

由图 4-6 可知：

① 预制空心板板面温度在受火过程中变化趋势一致，随着受火时间增加仅略有增加。

② 随着炉温增加，不同受火时间预制空心板孔洞内温度均明显增加，增长趋势一致，炉温下降后，孔洞内温度仍有所增加。

2）受火及冷却过程中跨中挠度变化

不持荷升温条件下各试件跨中挠度—时间曲线如图 4-7 所示，跨中挠度—炉内温度曲线如图 4-8 所示。

由图 4-7 可知：①预制空心板板底按 ISO 834 标准火灾升温曲线升温时，跨中挠度在升温阶段与受火时间基本呈线性关系，受火时间越长，跨中挠度越大。②熄火自然冷却约 50min 内，跨中挠度恢复较快；50min 后恢复相对缓慢。③随着自然冷却时间延长，试件 B20 和 B40 跨中挠度基本恢复，而试件 B60 和 B80 残余跨中挠度约 15mm。

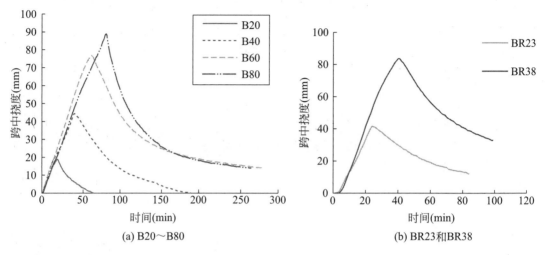

(a) B20～B80   (b) BR23和BR38

图 4-7　跨中挠度—时间曲线图

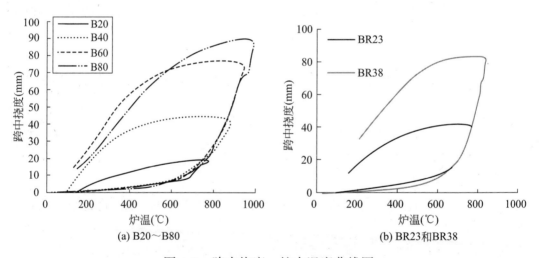

(a) B20～B80   (b) BR23和BR38

图 4-8　跨中挠度—炉内温度曲线图

由图 4-8 可知：①预制空心板在炉温达到 600℃ 以前，跨中挠度变化较平缓；当炉温超过 600℃ 后，跨中挠度随炉温增加而急剧增大。②熄火自然冷却至炉温 450℃ 前，预制空心板跨中挠度恢复较缓慢；当炉温降至 450℃ 以下时，跨中挠度随温度降低恢复较快。

3）受火后承载力

经过不同受火时间后，预制空心板的开裂荷载和极限荷载如表 4-2 所示。由表 4-2 可知，随着受火时间增长，预制空心板开裂荷载和极限荷载均有所降低。

主要试验结果　　　　　　　　　　　　表 4-2

试件编号	受火时间/min	开裂荷载 P_c/kN	开裂荷载降低程度/%	破坏荷载 P_u/kN	破坏荷载降低程度/%
CB*	0	15.2	—	21.2	—
B20	20	13.8	9.2	20.4	3.8
B40	40	10.9	28.3	17.5	17.5
B60	60	9.7	36.2	12.0	43.4
B80	80	7.9	48.0	9.9	53.3
CBR*	0	5.3	—	13.6	—
BR23	23	3.0	43.4	9.5	30.1
BR38	38	1.0	81.1	4.2	69.1
BR53	53	0.5	90.6	1.9	86.0

注：CB* 为 CB1~CB3 的平均值，CBR* 为 CBR1~CBR3 的平均值。

4）预制空心板受火后荷载—跨中挠度曲线

不同受火时间预制空心板的荷载—跨中挠度曲线如图 4-9 所示。从图 4-9 可知，随着受火时间增加，受火后预制空心板的初始刚度明显降低，但延性有所增加。

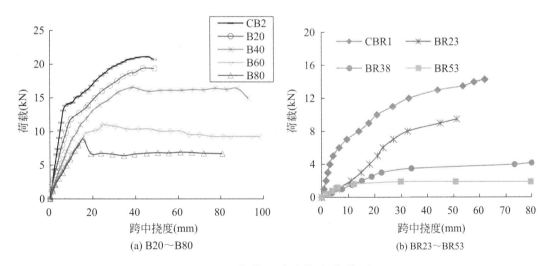

(a) B20~B80　　　　　　　　　　　(b) BR23~BR53

图 4-9　荷载—跨中挠度曲线图

5）预制空心板受火后应变分析

（1）试件跨中截面应变变化

各试件跨中截面应变变化如图 4-10 所示。

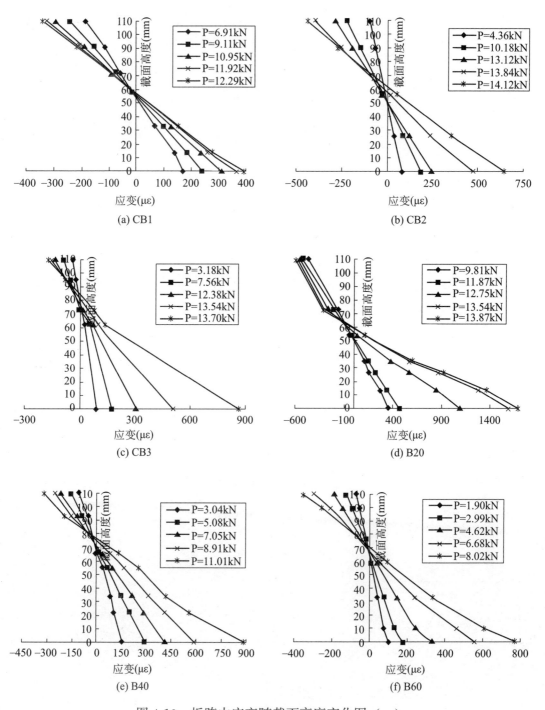

图 4-10 板跨中应变随截面高度变化图（一）

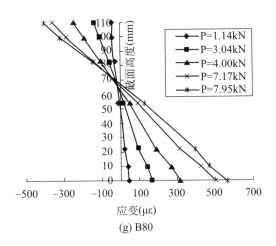

(g) B80

图 4-10　板跨中应变随截面高度变化图（二）

由图 4-10 可知：①在各级荷载下，跨中截面不同高度应变基本呈线性分布，对比试件和火灾后各试件受力过程中跨中截面变形均基本符合平截面假定。②各试件破坏时的中和轴往受压区偏移，受火时间越长，中和轴偏移越多，这是由于随着受火时间增加试件内预应力钢筋的预应力逐渐减少所致。

（2）试件边缘应变对比

未受火对比试件和受火后试件跨中受拉边缘和受压边缘的应变对比见图 4-11，三分点受拉边缘的应变对比见图 4-12。其中 1♯应变片位于跨中受压边缘中心，3♯应变片位于跨中受拉边缘中心，5♯应变片位于三分点受拉边缘中心。

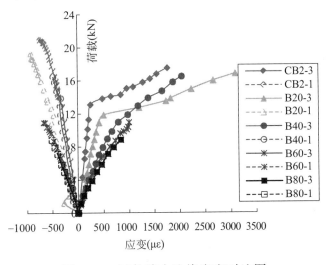

图 4-11　试件跨中边缘应变对比图

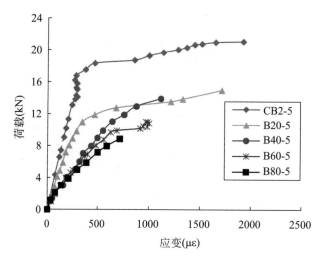

图 4-12　试件三分点受拉边缘应变对比图

由图 4-11、图 4-12 可知，在相同荷载作用下，不同受火时间后预制空心板受拉边缘拉应变和受压边缘压应变均明显大于未受火对比试件，且受火时间越长应变增大越明显。

6）不同预应力钢筋预制空心板试验结果对比

火灾后冷拔低碳钢丝预制空心板和冷轧带肋钢筋预制空心板极限荷载下降程度对比如图 4-13 所示。

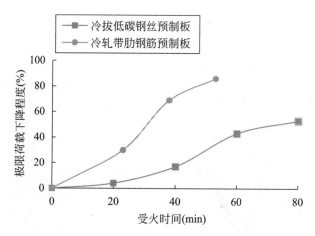

图 4-13　不同预制空心板火灾后极限荷载下降对比图

由图 4-13 可知，受火后冷拔低碳钢丝预制空心板的极限荷载下降程度均小于冷轧带肋钢筋预制空心板。

4.2　带约束预应力混凝土空心板整浇楼面受火后性能试验研究

实际工程中，预制空心板往往通过边梁和板面整浇层形成带约束预制空心板整浇楼面，其受火后性能与单块预制空心板存在明显差异。目前，带约束预制空心板整浇楼面受火后性能的研究尚未见之于报道。基于此，本节通过试验研究不同受火时间后带约束预制空心板整浇楼面的力学性能，为火灾后鉴定评估提供技术依据[4-6]。

4.2.1　试验概况

1）试件设计

设计了 3 块带约束预制空心板整浇楼面试件，编号分别为 HS-5～HS-7，持荷比均为 0.3（施加竖向荷载为 216kN），在恒载—升温条件下，分别按照 ISO 834 标准升温曲线升温 30min、60min、90min。试件尺寸、配筋率、材料类型、浇捣顺序、养护条件、板底抹灰等均与静载试验试件 HS-1 完全相同。

2）试验装置和量测

试验过程包括整浇楼面持荷受火、自然冷却和灾后常温静载三部分。受火前，按照持荷比 0.3 施加荷载，待持荷稳定后按 ISO 834 标准升温曲线升温，达到预定升温时间后切断燃气，自然冷却至室温，进行常温下静载试验。

试验过程中，利用位移传感器测量板面竖向、支座水平及竖向位移。布置热电偶测试截面内部温度场变化。位移测点和热电偶布置详见图 3-14 和图 3-15 所示，试验过程如图 4-14。

(a) 持荷受火　　　　　　　(b) 自然冷却　　　　　　　(c) 灾后静载

图 4-14　试验过程

4.2.2 试验现象

1）受火试验

受火前，试件 HS-5～HS-7 均按照 0.3 的持荷比分级施加竖向荷载至216kN，受火前板面与边梁在持荷荷载作用下均没有开裂。在相同受火时间下，三个试件受火性能相近，因而选择受火时间最长的试件 HS-7 描述其受火过程中的试验现象。受火 5min，有白色烟雾冒出，听到轻微响声，板底砂浆爆裂；受火 5～25min，声响逐渐增大，水泥砂浆粉刷层脱落，随后声响逐渐减少；受火 31min，板角出现弧形细微裂缝，并伴有水渍；受火 41min，边梁侧面开裂；受火 42～61min，裂缝逐渐发展增多，水渍蔓延；受火 63～90min，水汽不断蒸发，裂缝逐渐加宽清晰。自然冷却后，跨中竖向变形逐渐恢复。

试件 HS-5～HS-7 跨中残余变形分别为 4.6mm、11.6mm、19.1mm，板底混凝土烧酥，呈现浅黄色。典型试件受火试验现象见图 4-15 所示。

(a) HS-5板底受火损伤

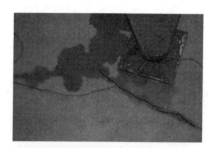
(b) HS-6板面角部开裂

(c) HS-6边梁裂缝

(d) HS-6板底受火损伤

图 4-15　受火试验现象（一）

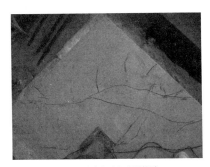
(e) HS-7 板面角部裂缝

(f) HS-7 板底受火损伤

图 4-15　受火试验现象（二）

2）受火后静载试验

试件 HS-5 加载至 350kN 前，跨中挠度随着荷载变化基本呈线性变化，板面原有的温度裂缝逐渐发展；加载至 490kN 时，边梁角部开裂；继续加载至 600kN，跨中挠度增加逐渐加快，边梁裂缝逐渐增多，裂缝宽度增大；加载至 650kN，伴随砰砰声响，钢筋拉断，跨中挠度骤然增加 9.6mm。板底裂缝分布呈现明显的塑性绞线模式，主裂缝宽度达 2mm，卸载后跨中残余变形约 30mm。

试件 HS-6 在加载初期原有的板面裂缝逐渐发展；加载至 500kN 时，板面角部出现新的裂缝；继续加载至 520kN，短梁侧面开裂；加载至 560kN，板面沿梁边出现贯通裂缝；继续加载至 620kN，伴随较大声响，跨中挠度突变 8.7mm，无法继续持荷，试件破坏。

试件 HS-7 加载至 300kN 时，边梁角部开裂；随着荷载增加，裂缝不断发展；加载至 520kN，跨中挠度骤然增加 7.1mm，无法继续持荷，试件破坏。

各试件受火后静载试验过程及破坏形态见图 4-16 所示。

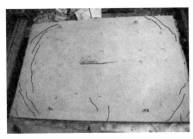
(a) HS-5 板面裂缝分布

(b) HS-5 板底裂缝分布

图 4-16　受火后静载试验现象（一）

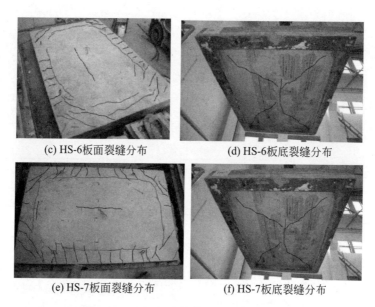

(c) HS-6板面裂缝分布　　(d) HS-6板底裂缝分布

(e) HS-7板面裂缝分布　　(f) HS-7板底裂缝分布

图 4-16　受火后静载试验现象（二）

4.2.3　试验结果与分析

1）受火及冷却过程中跨中挠度变化

各试件跨中挠度—时间变化曲线如图 4-17 所示。

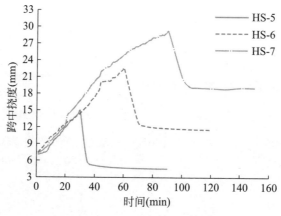

图 4-17　跨中挠度—时间曲线

由图 4-17 可知：①在升温过程中，试件 HS-5、HS-6 挠度随时间基本线性变化，试件 HS-7 由于受火时间较长，受火后期挠度增长呈现一定的非线性；达到预定受火时间后，三个试件对应的跨中挠度分别为 15.0mm、

22.6mm 和 29.2mm。②自然冷却的前 10min 内，随着钢筋和混凝土温度降低，跨中挠度回升较快；随着自然冷却时间继续增加，跨中挠度收敛于定值。③试件 HS-5～HS-7 的残余跨中挠度分别是 4.6mm、11.6mm 和 19.1mm。相对于停火时的最大跨中挠度，自然冷却后试件 HS-5～HS-7 跨中挠度分别可恢复 69.6%、48.8% 和 34.9%，受火时间越长的试件跨中挠度恢复程度越小。

　　2）荷载—位移曲线

　　各试件在各级荷载下沿短向的竖向位移分布如图 4-18（a）～图 4-18（c）所示，各试件的荷载—跨中挠度曲线如图 4-18（d）所示。取各试件实测荷载—位移曲线 0～0.4P_u 时的刚度为初始弯曲刚度，各试件的初始弯曲刚度对比如图 4-21 所示。

　　由图 4-18 和图 4-19 可知：①随着受火时间增长，受火自然冷却后试件的刚度逐渐降低，受火 30min、60min 和 90min 后带约束预制空心板整浇楼面试件初始弯曲刚度较未受火对比试件分别降低 32%、43% 和 61%；②试件 HS-5 和 HS-6 的荷载—跨中挠度曲线相似，说明受火 30～60min 试件受损情况接近；③试件 HS-7 由于受火时间较长，裂缝宽度和长度均大于其他试件，受火过程中钢筋温度较高，冷却后钢筋与混凝土之间的黏结强度有明显降低，试件的刚度和极限荷载降低幅度较 HS-5 和 HS-6 试件更大；④受火后各试件高温损伤存在一定的随机性和不均匀性，导致各试件在各级荷载作用下沿短向的竖向位移存在一定的不对称性。

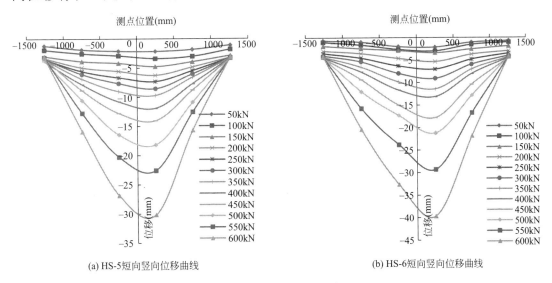

(a) HS-5短向竖向位移曲线　　　　　　　　(b) HS-6短向竖向位移曲线

图 4-18　试件竖向位移曲线（一）

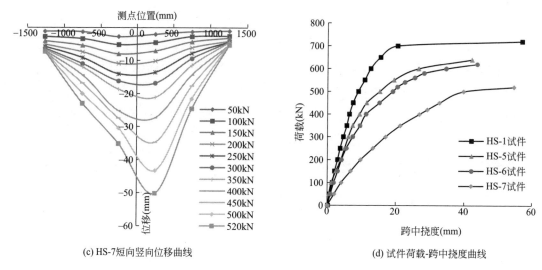

(c) HS-7短向竖向位移曲线   (d) 试件荷载-跨中挠度曲线

图 4-18   试件竖向位移曲线（二）

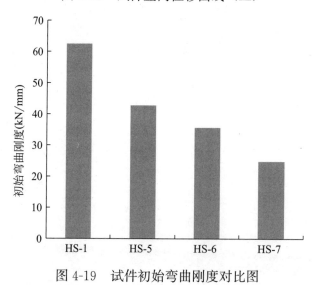

图 4-19   **试件初始弯曲刚度对比图**

4.3   预应力混凝土空心板受火后性能数值模拟

预制空心板受火后，混凝土和钢筋材性发生退化，构件的承载力和刚度降低。本节通过通用商业软件 ABAQUS 对预制空心板受火后力学性能劣化规律进行数值模拟。试验过程中，楼板先受火然后自然冷却，之后再加载至破坏；数值模拟相应分两步：第一步将温度场通过预定义场导入模型，第二步进行静力分析。

4.3.1 单板数值分析

采用第三章提出的模型进行温度场分布分析，得到不同受火时间后预制空心板的温度分布。静力分析中混凝土受火后的材料性能折减系数根据欧洲规范 EC4[4-7] 取值，混凝土采用塑性损伤模型，应力—应变曲线根据欧洲规范 EC4[4-7] 取值，冷拔低碳钢丝和冷轧带肋钢筋受火后的材料性能折减系数根据文献[4-8] 取值，采用 von Mises 屈服准则，应力—应变曲线采用双折线模型。

未受火对比试件 CB2 和受火后试件 B20、B40、B60 及 B80 的有限元分析结果如图 4-20 所示。

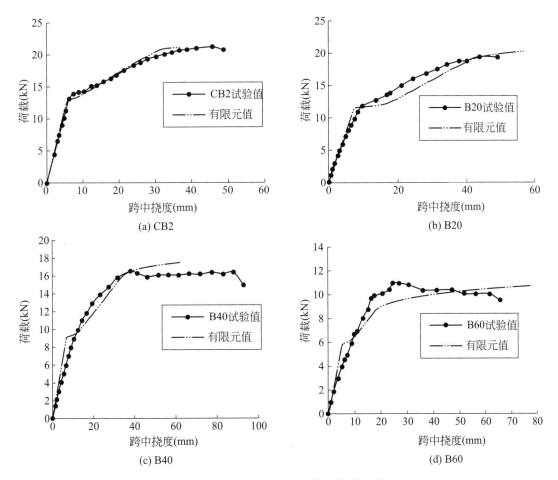

图 4-20 预制空心板单板有限元计算结果（一）

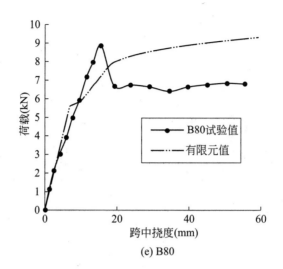

(e) B80

图 4-20 预制空心板单板有限元计算结果（二）

从图 4-20 可以看出：

① 有限元分析所得的荷载—跨中挠度曲线和试验结果基本吻合。

② 有限元分析所得试件的初始刚度较试验值略大，主要是由于试验时支座处不可能达到理论分析时的绝对刚性，且有限元分析未考虑材料强度缺陷以及试件安装误差。

③ 有限元分析得到的荷载—位移曲线没有明显的拐点，这是由于加载后期混凝土大量开裂，有限元分析中非线性计算方法对结构出现负刚度后的处理能力有限，未能对曲线下降段进行有效模拟，因此未能计算出荷载—位移曲线的下降段。

将有限元分析所得的开裂荷载和极限荷载与试验结果进行对比，如表 4-3、图 4-21 和图 4-22 所示。

试验值与有限元计算结果对比   表 4-3

试件编号	受火时间/min	开裂荷载/kN		误差/%	极限荷载/kN		误差/%
		试验值	有限元值		试验值	有限元值	
CB*	0	15.2	12.6	17.1	21.2	20.4	3.8
B20	20	13.8	11.2	18.8	20.4	19.5	4.4
B40	40	10.9	8.9	18.3	17.5	16.7	4.6
B60	60	9.7	6.1	37.1	12.0	10.3	14.2
B80	80	7.9	5.5	30.4	9.9	8.9	10.1

注：CB* 为三个对比试件 CB1～CB3 的平均值。

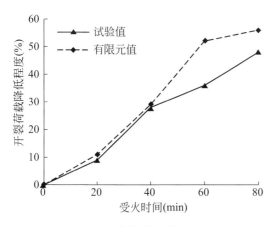

图 4-21　开裂荷载降低程度对比

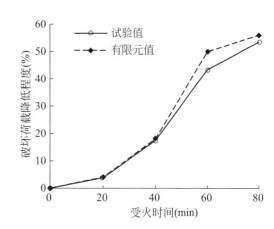

图 4-22　极限荷载降低程度对比

从表 4-3、图 4-21 和图 4-22 可以看出：

① 各试件开裂荷载模拟值均低于试验值，误差 17.1％～37.1％。这是因为开裂荷载试验值是取试验时肉眼观察到第一条裂缝时的荷载值，而实际上肉眼观察到的试件开裂滞后于试件实际开裂，因而开裂荷载试验值较有限元模拟值偏大。

② 各试件极限荷载模拟值均略低于试验值，这是因为有限元分析模型假定受火后混凝土强度均匀，未考虑不同位置处材料强度受火后的差异。有限元分析结果和试验值的最大误差仅 14.2％，符合工程精度要求。

③ 当受火时间不超过 40min 时，试验开裂荷载和极限荷载的降低程度与有限元分析结果基本一致；当受火时间超过 40min 后，有限元模拟的开裂荷载和极限荷载降低程度均大于试验结果。

4.3.2　整浇楼面数值分析

采用第三章提出的模型进行温度场分布分析，得到不同受火时间后预制空心板整浇楼面的温度分布。

1）有限元模型

混凝土受火后的材料性能折减系数根据欧洲规范 EC4[4-6] 取值，混凝土采用塑性损伤模型，应力—应变曲线根据欧洲规范 EC4[4-6] 取值，冷拔低碳钢丝受火后材料性能折减系数根据文献[4-7] 取值，采用 von Mises 屈服准则，应力—

应变曲线采用双折线模型。将荷载—位移曲线、极限荷载的试验值与有限元分析值进行对比分析。

2）分析结果

（1）升降温过程中的温度场

试件 HS-5～HS-7 受火时间不同，但各试件在升降温过程中截面温度场变化规律基本相同。试件 HS-6 升温 60min 以及降温 30min、60min 和 90min 截面温度场分布云图见图 4-23 所示。试件 HS-5～HS-7 温度测点的试验结果与有限元分析结果对比见图 4-24 所示，图中虚线表示有限元分析结果。

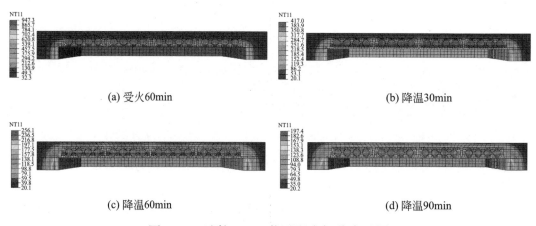

(a) 受火60min   (b) 降温30min

(c) 降温60min   (d) 降温90min

图 4-23　试件 HS-6 截面温度场分布云图

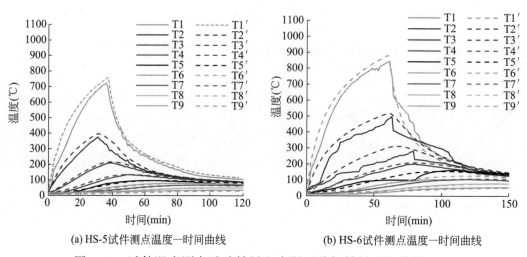

(a) HS-5试件测点温度—时间曲线   (b) HS-6试件测点温度—时间曲线

图 4-24　试件温度测点试验结果和有限元分析结果对比分析（一）

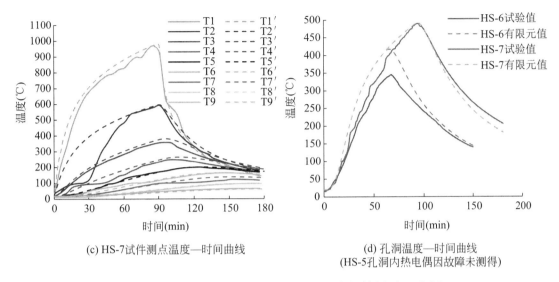

(c) HS-7试件测点温度—时间曲线 　　(d) 孔洞温度—时间曲线
(HS-5孔洞内热电偶因故障未测得)

图 4-24　试件温度测点试验结果和有限元分析结果对比分析（二）

由图 4-24 可知：①近火面温度测点升温快，停火后迅速降低；背火面温度测点升温慢，停火后继续升温一段时间后再缓慢降低。②由于混凝土的热惰性，升温阶段截面温度场呈外部温度高、内部温度低的层状分布，降温阶段截面温度场呈内部温度高、外部温度低的圈状分布。③孔洞温度有限元模拟值稍大于试验值，主要是因为试验时孔洞端部用砖头和水泥砂浆封堵，不能达到理想的封闭状态。④距离受火面超过 50mm 的热电偶测点在 100℃ 左右时有一个温度平台，这主要是因为混凝土内部自由水开始蒸发，吸收大量热量，导致温度升高变慢。⑤试件受火时间越长，相应的降温所需时间也越长。⑥有限元模拟结果与试验结果吻合良好，能够较准确地反映截面温度场随时间变化的规律。

（2）荷载—跨中挠度曲线

受火后试件 HS-5、HS-6、HS-7 的荷载—跨中挠度曲线有限元分析结果及试验结果对比见图 4-25～图 4-28，图中同时给出了未受火对比试件 HS-1 的荷载—跨中挠度曲线。

由图 4-25～图 4-28 可知，荷载—跨中挠度曲线的有限元模拟结果与试验结果基本吻合。在加载前中期，相同荷载下位移有限元模拟值均小于试验值，试件持荷受火过程中已出现裂缝，截面刚度受到不同程度的削弱，有限元软件只能模拟试件在受火过程中材料力学性能的退化，无法模拟由于开裂造成的截

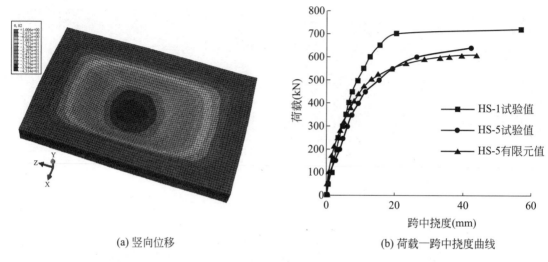

(a) 竖向位移　　　　　　　　　(b) 荷载—跨中挠度曲线

图 4-25　HS-5 试件竖向位移和荷载—跨中挠度曲线

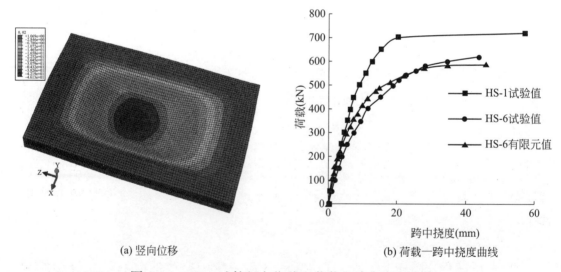

(a) 竖向位移　　　　　　　　　(b) 荷载—跨中挠度曲线

图 4-26　HS-6 试件竖向位移和荷载—跨中挠度曲线

面刚度退化；受火后材料本构关系的多变性，导致有限元分析对受火后试件的模拟还不够充分，有限元模拟结果与试验结果有一定偏差。

（3）极限荷载和跨中挠度

受火后带约束预制空心板整浇楼面试件的极限荷载对比如表 4-4 所示。

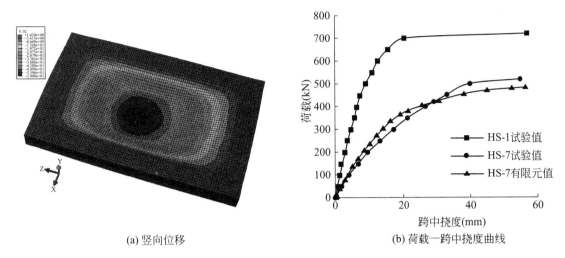

(a) 竖向位移　　　　　　　　(b) 荷载—跨中挠度曲线

图 4-27　HS-7 试件竖向位移和荷载—跨中挠度曲线

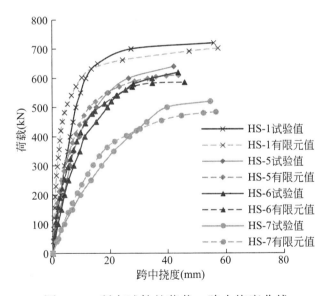

图 4-28　所有试件的荷载—跨中挠度曲线

试件极限荷载对比　　　　　　　　　　　　表 4-4

试件 编号	极限荷载			
	试验值/kN	归一化	模拟值/kN	误差/%
HS-1	720	1.00	701	—2.6
HS-5	650	0.90	619	—4.8

试件编号	极限荷载			
	试验值/kN	归一化	模拟值/kN	误差/%
HS-6	620	0.86	576	-7.1
HS-7	520	0.72	478	-9.1

注：归一化为受火后极限荷载值与常温静载对比试件极限荷载值的比值；模拟值为有限元分析所得数值。

由表 4-3 可知：分别受火 30min、60min 和 90min 后，带约束预制空心板整浇楼面试件 HS-5、HS-6 和 HS-7 的极限荷载较未受火对比试件 HS-1 分别降低 9.7%、13.9% 和 27.8%。试件 HS-5、HS-6 和 HS-7 极限荷载的数值模拟值与试验值的误差分别为 4.8%、7.1% 和 9.1%，平均误差为 7.0%，符合工程精度要求。

受火后带约束预制空心板整浇楼面试件的极限跨中挠度对比见表 4-5 所示。

试件极限跨中挠度对比 表 4-5

试件编号	极限跨中挠度			
	试验值/mm	归一化	模拟值/mm	误差/%
HS-1	56.9	1.00	60.1	5.6
HS-5	42.1	0.74	43.7	3.8
HS-6	43.6	0.77	45.8	5.1
HS-7	54.6	0.96	56.6	3.7

由表 4-4 可知，受火后试件 HS-5 和 HS-6 跨中极限挠度相近；由于试件 HS-7 受火时间较长，其跨中极限挠度明显大于 HS-5 和 HS-6。试件 HS-5、HS-6 和 HS-7 极限跨中挠度的数值模拟值与试验值的误差分别为 3.8%、5.1% 和 3.7%，平均误差为 4.2%，符合工程精度要求。

4.4 小结

本章研究了预制空心板单板和带约束预制空心板整浇楼面受火自然冷却后

的力学性能，并讨论了受火时间对承载能力的影响。采用有限元软件 ABAQUS 和欧洲规范的相关材料参数，对预制空心板单板和带约束预制空心板整浇楼面的火灾后性能进行了有限元分析，数值模拟结果与试验结果吻合较好，符合工程精度要求。

参考文献

[4-1] 肖建庄. 高性能混凝土结构抗火设计原理 [M]. 北京：科学出版社，2015.

[4-2] 陈振龙. 预制空心板耐火极限及受火后加固试验研究 [D]. 南京：东南大学，2013.

[4-3] 韩重庆，许清风，李向民，等. 预应力混凝土空心板受火后力学性能试验研究 [J]. 建筑结构学报，2012，33（9）：112-118.

[4-4] 李向民，陈振龙，许清风，等. 受火后冷拔低碳钢丝预应力混凝土空心板受弯性能试验研究 [J]. 结构工程师，2013，29（3）：119-126.

[4-5] 全威，张富文，许清风，等. 预制空心板受火后力学性能的试验研究 [J]. 防灾减灾工程学报，2012，S1：86-90.

[4-6] Chen L，Han C，Xu Q，et al. Post fire performance of prestressed concrete hollow core floor systems with edge beams [J]. Journal of Structural Engineering. 2020，146（12）：04020262.

[4-7] EN 1994-1-2. Eurocode 4：Design of composite steel and concrete structures—Part 1-2：General rules - Structural fire design [S]. Brussels：European Committee for Standardization，2005.

[4-8] 沈蓉，凤凌云，戎凯. 高温（火灾）后钢筋力学性能的评估 [J]. 四川建筑科学研究，1991，17（2）：5-9.

第5章 预应力混凝土空心板火灾后加固修复研究

火灾高温作用后，混凝土和钢筋的材性不能完全恢复，且火灾后结构构件存在残余变形、裂缝等。楼板是火灾中最容易受火且往往是受火损最严重的部位，加之预制空心板楼面厚度小、钢筋保护层厚度薄，火灾后混凝土强度、钢筋与混凝土的连接锚固性能均容易有明显的衰减，预制空心板楼面受火后需经检测鉴定并根据检测鉴定结果采用加固修复措施后方可继续使用。目前国内外学者对混凝土现浇板的火灾后加固修复技术已有不少研究，但针对火灾后预制空心板楼面的加固修复技术研究还较缺乏[5-1,5-2]。

5.1 预应力混凝土空心板楼面火灾后检测鉴定

火灾后预制空心板楼面检测鉴定主要包括承载力、裂缝和变形三个方面。除了现场可以实测的裂缝和变形外，火灾后混凝土构件的损伤程度主要受承载力的影响和控制，而构件承载力的降低程度则主要与材料力学性能降低和构件有效截面减少相关，而这两个方面均与楼面表面的受火温度和内部经历的温度场分布直接相关。

中冶建筑研究总院有限公司和上海市建筑科学研究院（集团）有限公司合作主编的中国工程建设标准化协会标准《火灾后工程结构鉴定标准》T/CECS 252—2019[5-3]为火灾后工程结构的检测和鉴定提供了详细的方法。火灾后预制空心板楼面的鉴定流程包括：①明确鉴定目的、范围、内容。当仅需鉴定火灾影响范围及程度时，可仅做初步鉴定；当需要对火灾后预制空心板楼面的安全性或可靠性进行评估时，应进行详细鉴定。②开展初步调查，制定鉴定方案。通过查阅图纸和火灾报告等资料，了解建筑和结构信息、火灾过程及火灾影响区域等，现场勘查火场残留物状况，观察结构损伤情况等，制定鉴定方案。③进行初步鉴定。在火灾作用调查和结构现状调查与检查基础上，根据预制空心板楼面损伤特征进行初步鉴定评级。④进行详细鉴定。根据火灾作用调查与现场检测结果，进行预制空心板楼面过火温度分析；根据详细鉴定需要，对预制空心板楼面进行火灾后专项检测分析；根据受火预制空心板楼面材质特性、几何参数、受力特征和调查检测，进行分析计算与校核；最后根据受火后预制空心板楼面的分析计算和构件校核分析结果，进行详细鉴定评级。⑤综合结构其他构件的受火后检测鉴定，对受火后结构的整体性能进行评估鉴定。⑥根据检测鉴定结果，提出火灾后预制空心板楼面适用的加固修复方法和施工工艺。

受火后预制空心板楼面受力性能可参照中国工程建设标准化协会标准《火灾工程结构鉴定标准》T/CECS 252—2019 提供的火灾后混凝土构件承载力鉴定的思路进行。具体包括：①根据预制空心板楼面表面颜色、裂缝、剥落、锤击反应、现场残留物、现场火灾荷载等推断其表面曾达到的最高温度及范围；②根据预制空心板楼面表面最高温度及火灾延续时间推断截面内部温度场分布；③根据预制空心板楼面的截面温度场分布确定火灾后混凝土和钢筋的材料特性，以及钢筋与混凝土之间粘结性能的劣化程度；④参考国家标准《混凝土结构设计规范》GB 50010—2010，按照剩余截面法计算受火后预制空心板楼面的剩余承载力。

当采用结构分析软件进行火灾后结构分析和构件校核时，选用的计算模型应符合火灾后结构的实际受力和构造状况，并应考虑由于火灾导致的结构几何形状变化、结构位移、构件变形等对结构刚度的不利影响。当局部火灾未造成整体结构明显变位、损伤及裂缝时，仅需计算局部作用。

5.2　预应力混凝土空心板单板火灾后加固修复研究

分别采用粘贴 CFRP 布和钢筋网细石混凝土整浇面层对受火后预制空心板进行加固修复，并与未受火对比试件进行对比，分析不同加固修复技术的效果[5-4]~[5-6]。

5.2.1　试验概况

1）试件设计

共进行了 10 块预制空心板单板受火后加固修复的对比试验研究。首先进行不持荷条件下的底面受火试验，待试件自然冷却后进行加固修复施工，待养护结束后再进行三分点加载。

试件分 2 组：第 1 组试件共 5 个，板底受力钢筋为冷轧带肋钢筋，采用板底面粘贴 CFRP 布加固修复，受火时间分别为 0min、15min、30min、45min 和 60min，试件编号分别为 B0F、B15F、B30F、B45F 和 B60F；第 2 组试件共 5 个，板底受力钢筋为冷轧带肋钢筋，采用板顶面凿槽并配置钢筋网细石混凝土面层加固修复技术，受火时间分别为 0min、15min、30min、45min 和 60min，试件编号分别为 B0S、B15S、B30S、B45S 和 B60S。具体试件参数统计见表 5-1。

试件参数统计表 表 5-1

试件编号	受火情况	板底受力钢筋类型	加固修复技术	受火时间/min
B0F	不受火	冷轧带肋钢筋	粘贴 CFRP 布	0
B15F	底面受火	冷轧带肋钢筋	粘贴 CFRP 布	15
B30F	底面受火	冷轧带肋钢筋	粘贴 CFRP 布	30
B45F	底面受火	冷轧带肋钢筋	粘贴 CFRP 布	45
B60F	底面受火	冷轧带肋钢筋	粘贴 CFRP 布	60
B0S	不受火	冷轧带肋钢筋	钢筋网细石混凝土	0
B15S	底面受火	冷轧带肋钢筋	钢筋网细石混凝土	15
B30S	底面受火	冷轧带肋钢筋	钢筋网细石混凝土	30
B45S	底面受火	冷轧带肋钢筋	钢筋网细石混凝土	45
B60S	底面受火	冷轧带肋钢筋	钢筋网细石混凝土	60

2）试验材料

预制空心板型号选用江苏省结构构件标准图集《120 预应力混凝土空心板图集（冷轧带肋钢筋）》（苏 G9401）中的 $YKB_{R8}^{R6} 39A-52$。预制空心板名义高度为 120mm。试件的具体尺寸、配筋和材料实测强度与第三章相同。

加固修复用 CFRP 布厚度为 0.167mm（300g），宽度为 250mm；双组分碳纤维浸渍胶为无溶剂、高强度的环氧类胶黏剂，对碳纤维材料有良好的浸润性，见图 5-1。CFRP 布和碳纤维浸渍胶的性能参数见表 5-2 和表 5-3 所示。

(a) 300g CFRP 布

(b) 碳纤维浸渍胶(A+B)

图 5-1　加固修复材料

CFRP 布性能参数　　　　　　　　　　　　　　　表 5-2

克重 /(g/m²)	比重 /(g/cm³)	设计厚度 /mm	抗拉强度标准值 /MPa	受拉弹性模量 /GPa	伸长率
300	1.7	0.167	≥3200	≥230	≥1.7

碳纤维浸渍胶性能参数　　　　　　　　　　　　表 5-3

项目	A 胶	B 胶
抗拉强度/MPa	≥40	≥30
受拉弹性模量/MPa	≥2500	≥1500
伸长率/%	≥1.5	
抗压强度/MPa	≥70	
抗弯强度/MPa	≥50	≥40
与混凝土正拉粘结强度/MPa	≥2.5(混凝土内聚破坏)	

　　加固修复用混凝土采用 C30 细石混凝土，配合比为水泥：水：砂：碎石＝357：179：632：1281，水灰比为 0.5，砂率为 33％；加固用纵筋和箍筋直径分别为 16mm 和 8mm，均为 HRB400 螺纹钢筋。

　　3）加固过程

　　（1）粘贴 CFRP 布加固修复

　　磨去预制空心板受火面的疏松层，直到粗骨料裸露，然后抹去板底表面的浮尘，如图 5-2（a）所示。待板底水渍消失后，给板底均匀、饱满地涂上一层底胶，待底胶风干后再滚涂一层胶水粘贴一层 CFRP 布。24h 后，再在 CFRP

布表面滚涂环氧树脂浸渍胶，如图 5-2（b）所示。为模拟实际 CFRP 布加固修复情况，预制空心板端部 100mm 区域内无需粘贴 CFRP 布。CFRP 布粘贴过程中保证其平直、延展、无气泡，黏合剂充分渗透。养护一段时间后，待胶水硬化达到加固修复的指定强度后，进行后续加载试验。

(a) 粘贴CFRP布前　　　　　　　　　　　　(b) 粘贴CFRP布后

图 5-2　CFRP 布加固修复受火后预制空心板

（2）钢筋网细石混凝土面层加固修复

敲除预制空心板中间两个孔洞上侧的混凝土，并将孔洞清除干净，如图 5-3 所示。在板面绑扎钢筋网（图 5-4）、支好模板后 5 个试件同时浇筑完成，并自然养护 28d 后进行加载试验。试件制作过程如图 5-5 所示。

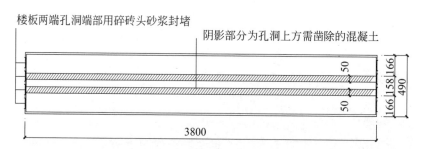

图 5-3　加固平面施工（单位：mm）

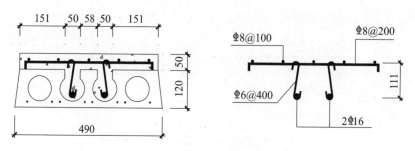

图 5-4　试件剖面图及钢筋网规格（单位：mm）

(a) 凿除混凝土　　　(b) 绑扎钢筋网　　　(c) 支模　　　(d) 浇筑

图 5-5　试件制作过程

4）试验装置与量测方案

受火试验在大型水平试验炉中进行，按 ISO 834 标准升温曲线进行升温。预制空心板全长底面受火，端部搁置在水平试验炉炉壁上，搁置点间距为3.6m。受火试验时预制空心板顶面和侧面均为背火面，通过在侧面铺设耐火矿棉来隔绝火源。预制空心板受火试验示意和实景如图 5-6 所示。

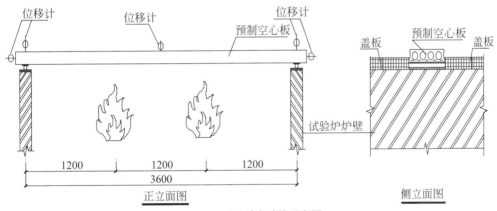

(a) 受火试验示意图

(b) 受火试验实景

图 5-6　预制空心板受火试验图（单位：mm）

　　预制空心板受火自然冷却后进行加固修复，养护完成后采用三分点加载，支座间距亦为3.6m。荷载由液压千斤顶和反力架施加并通过分配梁传递，试验加载装置如图5-7所示。荷载单调分级施加，数据通过DH3816静态数据采集系统采集。

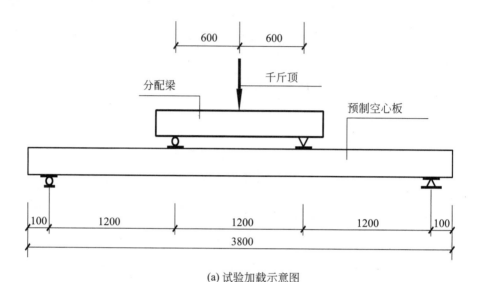

(a) 试验加载示意图

(b) 试验加载实景

图 5-7　试验加载图（单位：mm）

　　受火试验中位移计和热电偶的布置同第三章。静载试验过程中，在预制空心板支座和跨中布置位移计测试其变形情况，在跨中截面布置应变片测试跨中截面受力情况,应变片粘贴前需先去除受火后预制空心板表面疏松层。应变片和位移计布置如图 5-8 所示。

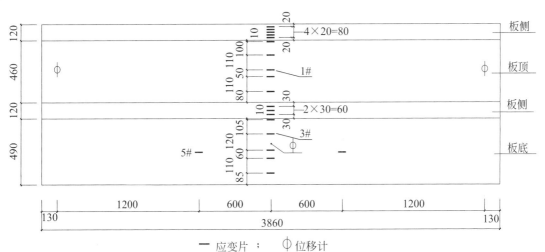

(a) 应变片和位移计布置示意图

(b) 板侧面应变片布置

(c) 支座处位移计布置

图 5-8　应变片和位移计布置图(单位:mm)

5.2.2　试验现象

1) 预制空心板加固修复试件 B0F~B60F

未受火加固对比试件 B0F 加载至 8kN 时,在靠近固定铰支座的三分点处出现第一条裂缝;随着荷载增加,纯弯段弯曲裂缝不断增加并向上发展。加载至 30kN 时,伴随较大响声,试件在靠近加载点处出现第一条弯剪斜裂缝;加载至 39kN 时，试件开始发出连续响声，持荷过程中试件突然在加载点处断裂，混凝土与 CFRP 布剥离，发生剪切破坏。B0F 破坏形态如图 5-9 所示。

图 5-9　试件 B0F 破坏形态

试件 B15F、B30F、B45F 和 B60F 在荷载增加至极限荷载的 36%～52% 时，在纯弯段靠近加载点处出现第一条弯曲裂缝。随着荷载增加，弯曲裂缝增多，但大部分集中在纯弯段。当荷载增加至极限荷载的 53%～76% 时，试件在靠近加载点处出现第一条弯剪斜裂缝，并伴有撕裂声响。试件 B15F 加载至 45kN 后持荷时，伴随明显声响，约 50mm 宽碳纤维布剥离，试件发生 CFRP 布端部剥离破坏，如图 5-10（a）所示。试件 B30F、B45F 和 B60F 在荷载分别增加至 34kN、31kN 和 32kN 持荷过程中，伴随较大声响，试件突然在一侧加载点处断裂，混凝土与 CFRP 布局部剥离，但钢筋未拉断，试件发生剪切破坏，分别如图 5-10（b）、图 5-10（c）和图 5-10（d）所示。

2）预制空心板加固修复试件 B0S～B60S

未受火加固对比试件 B0S 加载至 17kN 时，跨中附近出现第一条弯曲裂缝，开裂后跨中挠度增速明显加快。随着荷载增加，纯弯段弯曲裂缝数量逐渐增多，裂缝向受压区延伸，裂宽不断加大，其中一条主裂缝宽度最大，多条裂缝延伸至新老混凝土交界面附近。加载至 38kN 持荷过程中，伴随着一声闷响，跨中附近预制空心板内 LL650 级钢筋全部拉断，垂直裂缝贯穿预制空心板，试件破坏。破坏时，试件跨中发生明显的弯折，但细石混凝土层未发生明显压碎。试件 B0S 破坏形态如图 5-11 所示。

受火后加固修复试件 B15S、B30S、B45S 和 B60S 在荷载增加至极限荷载的 39%～44% 时出现第一条弯曲裂缝。随着荷载增加，纯弯段弯曲裂缝数量逐渐增多，裂缝宽度不断加大；多条裂缝延伸至新老混凝土交界面附近。加载至破坏荷载持荷过程中，伴随着一声或多声较大闷响，跨中附近预制空心板内

(a) B15F

(b) B30F

(c) B45F

(d) B60F

图 5-10　试件 B15F～B60F 破坏形态

图 5-11　试件 B0S 破坏形态

LL650 级冷轧带肋钢筋逐次全部拉断，垂直裂缝贯穿预制空心板，试验结束。试验表明，所有加固修复试件纯弯区段均出现较多弯曲裂缝，裂缝高度大多已超过截面中线；基本未出现剪切裂缝，试件呈典型的弯曲破坏模式。各试件破坏形态如图 5-12 所示。

(a) B15S

(b) B30S

(c) B45S

(d) B60S

图 5-12　试件 B15S～B60S 破坏形态

5.2.3　试验结果与分析

1）加固修复受火后预制空心板承载力

不同受火时间预制空心板加固修复后静载试验结果汇总见表 5-4。

加固修复预制空心板受力试验结果　　　　　　　　　　表 5-4

试件编号	受火时间/min	开裂荷载/kN	极限荷载/kN	破坏挠度/mm
B0F	0	8	39	122.7
B15F	15	16	45	118.5
B30F	30	14	34	93.3
B45F	45	16	31	86.3
B60F	60	14	32	111.6
B0S	0	17	38	40.5
B15S	15	17	39	45.0
B30S	30	15	36	43.4
B45S	45	15	37	47.5
B60S	60	13	33	46.6

2）加固修复受火后预制空心板荷载—跨中挠度曲线

不同受火时间自然冷却后加固修复预制空心板试件的荷载—跨中挠度曲线如图 5-13 所示，从图中可以看出：①受火后预制空心板采用碳纤维布或钢筋网细石混凝土加固修复后，均能有效提高预制空心板的极限荷载和初始弯曲刚度；②受火时间越长，加固修复后的极限荷载越低，这主要是因为预制空心板受火时间越长，其材料力学性能损伤越严重。

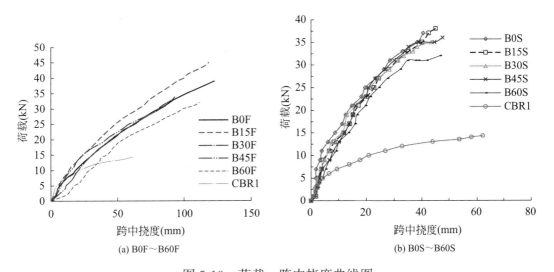

(a) B0F～B60F　　　　　　　　(b) B0S～B60S

图 5-13　荷载—跨中挠度曲线图

3）加固修复受火后预制空心板荷载—应变曲线

加固后试件跨中受拉边缘和受压边缘的应变对比见图 5-14，其中 1♯应变片位于跨中受压边缘中心，3♯应变片位于跨中受拉边缘中心。

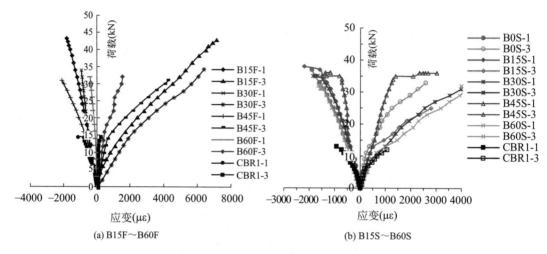

图 5-14　荷载—应变曲线图

由图 5-14 可知，加固修复受火后预制空心板的板顶压应变和板底拉应变不再对称分布；同级荷载下受拉应变大于受压应变，表明加固修复试件跨中截面的中和轴不再位于中间，而是向受压区偏移。

5.3　带约束预应力混凝土空心板整浇楼面火灾后加固修复研究

通过带约束预制空心板整浇楼面受火自然冷却后进行加固修复的受力性能的试验研究和理论分析，为火灾后加固修复提供技术依据[5-7]。

5.3.1　试验概况

1）试件设计

设计了一块带约束冷轧带肋钢筋预制空心板整浇楼面试件，编号为 HS-8，受火时持荷比为 0.3（216kN），在恒载—升温条件下按照 ISO 834 标准升温曲线升温 60min，自然冷却至常温后，采用板底粘贴 CFRP 布并在长跨跨中增设钢梁的方法进行加固修复。试件尺寸、配筋率、材料类型及养护环境均与未受火对比试件 HS-1 完全相同。

2）加固修复设计与施工

试件 HS-8 受火 60min 后，板底受损情况如图 5-15 所示。为修复并提高其承载能力，采用在板底粘贴 CFRP 布和跨中增设钢梁的方法进行加固修复，加固修复示意图见图 5-16，钢梁端部与边梁的连接构造见图 5-17。

图 5-15　HS-8 受火后板底受损情况

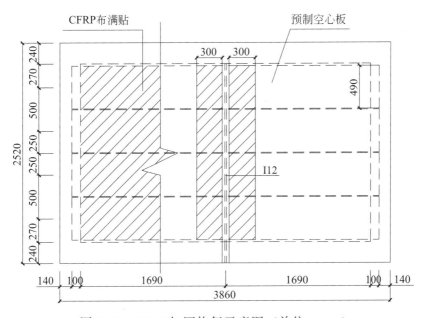

图 5-16　HS-8 加固修复示意图（单位：mm）

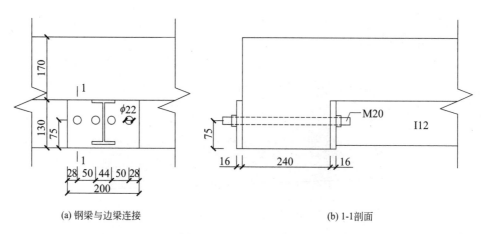

(a) 钢梁与边梁连接　　　　　　　　　　　(b) 1-1剖面

图 5-17　钢梁端部与边梁的连接构造（单位：mm）

碳纤维布的性能参数与第二节中使用的碳纤维布相同，加固钢梁采用 I12 热轧工字钢，力学性能参数见表 5-5。

钢梁力学性能　　　　　　　　　　　　　　　表 5-5

型号	屈服强度 f_{yk}/MPa	极限抗拉强度 f_{stk}/MPa	弹性模量 E/MPa
I12	252.9	415.4	2.10×10^5

为保证 CFRP 布与混凝土的粘结强度，加固前凿除板底受火灾损伤的酥松混凝土，用灌浆材料修补至原设计板厚；待达到设计强度后，用砂轮机将板底打磨平整并除去浮浆。按照 CFRP 布常规粘贴方法进行加固修复，先在板底滚涂一遍碳纤维复合材结构胶，粘贴 CFRP 布，使用刮板反复碾压赶出气泡；接着在 CFRP 布上滚涂碳纤维复合材结构胶，确保粘合剂充分渗透，CFRP 布粘贴过程中要保证其平直、延展、无气泡。养护 3d 后，在长向边梁跨中打孔，板底跨中垂直孔洞方向增设钢梁，钢梁与 CFRP 布之间采用粘钢胶粘结，钢梁与边梁之间采用 M20 的对穿螺栓连接，螺栓拧紧后在螺栓孔处灌 A 级结构胶。试件加固修复完成后见图 5-18。

3）试验装置和量测

试验包括带约束预制空心板整浇楼面试件持荷受火、自然冷却及受火后加固三部分。受火前，按照持荷比 0.3（216kN）施加竖向荷载，待持荷稳定后，按 ISO 834 标准升温曲线升温 60min，达到预定升温时间后切断燃气，自然冷却至室温后进行加固修复，养护完成后进行常温静载试验。试验过程如图 5-19 所示。

图 5-18　试件加固修复完成后

(a) 持荷受火　　　　　　　　(b) 自然冷却　　　　　　　　(c) 加固修复后静载

图 5-19　试验过程

受火自然冷却后带约束预制空心板整浇楼面加固修复后的静载试验，通过分配梁及分配板系统实现板面 12 点均匀加载。试验过程中测量板面、支座水平及竖向位移，位移计布置与第三章相同；本次试验采用的应变片有两种，混凝土应变片型号为 120-50AA，CFRP 应变片型号为 120-20AA，应变测点布置如图 5-20 所示。

5.3.2　试验现象

受火过程试验现象与第四章中相同受火时间的试件 HS-6 相似。试件 HS-8 受火 60min 后自然冷却至常温，进行加固修复，待养护完成后进行分级加载试验。加载初期，没有新裂缝出现；随着荷载增加，位移与荷载基本

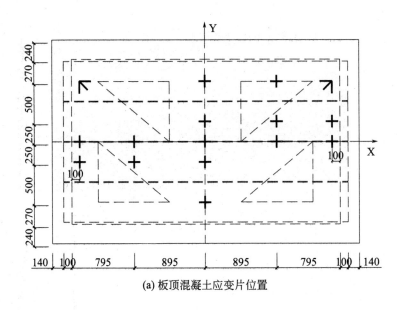

(a) 板顶混凝土应变片位置

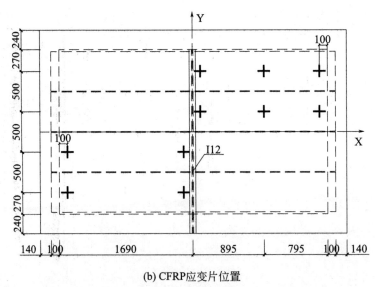

(b) CFRP应变片位置

图 5-20 应变测点布置（单位：mm）

呈线性增长；加载至 300kN，原有裂缝开始变宽；加载至 450kN，短梁顶面出现垂直于梁边的裂缝；继续加载，长跨梁顶面出现沿着长跨方向的裂缝；加载至 600kN，长跨梁顶面出现贯通裂缝。随着荷载继续增加，裂缝发展密集。加载至 870kN 时，试件不能继续持荷，停止加载。试验现象如图 5-21 所示。

(a) 短梁顶面开裂

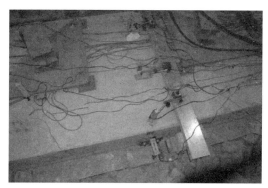
(b) 长梁通长裂缝

(c) 板面裂缝分布图

(d) 板底破坏形态

图 5-21　HS-8 试验现象

5.3.3　试验结果与分析

1）极限荷载

试件的极限荷载对比分析如表 5-6 所示。

<table>
<tr><td colspan="5" align="center">试件极限荷载对比表</td><td align="right">表 5-6</td></tr>
</table>

试件编号	受火时间/min	极限荷载/kN	提高/%	归一化
HS-1	0	720	—	1.00
HS-6	60	620	—	0.86
HS-8	60	870	40.3	1.21

注：表中 HS-8 的提高指的是与受火后未加固试件 HS-6 的比较；归一化为受火后极限荷载值与未受火未加固对比试件极限荷载值的比值。

由表 5-6 可知，通过板底粘贴 CFRP 布并在长跨跨中增设钢梁加固修复后，极限荷载较受火后未加固试件 HS-6 提高了 40.3%，较未受火未加固对比试件 HS-1 提高了 20.8%，说明加固修复受火后带约束预制空心板整浇楼面的极限荷载可通过板底粘贴 CFRP 布和增设钢梁得到恢复和提高。

2) 荷载—跨中挠度曲线

试件的荷载—跨中挠度曲线对比如图 5-22 所示，抗弯刚度—荷载曲线对比如图 5-23 所示。

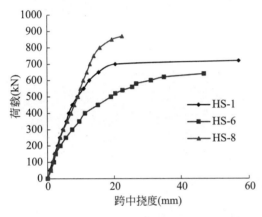
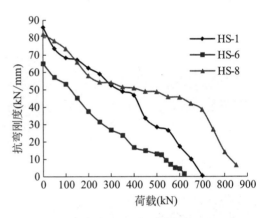

图 5-22　荷载—跨中挠度曲线对比图　　　图 5-23　抗弯刚度—荷载曲线对比图

由图 5-22 和图 5-23 可以看出，加载初期，加固修复试件 HS-8 跨中挠度与位移基本呈线性关系，开裂后逐渐表现出一定的弹塑性特征。与受火 60min 未加固试件 HS-6 相比，加固修复试件 HS-8 的极限荷载提高 40.3%，破坏时跨中变形降低 52.1%，初始抗弯刚度提高 26.1%；在相同荷载下挠度有所降低，抗弯刚度显著提高。与未受火未加固对比试件 HS-1 相比，当荷载小于 500kN 时，两者荷载—跨中挠度曲线的趋势基本一致；当荷载大于 500kN 后，加固修复试件 HS-8 跨中挠度增长速度明显小于对比试件 HS-1，说明加固限制了裂缝的发展，维持了整浇楼面的刚度，表明粘贴 CFRP 布和增设钢梁的加固修复作用在后期贡献较大。

3) 延性分析

构件超过屈服荷载进入破坏阶段后的塑性变形能力称为构件的延性，其大小一般使用延性系数来度量，延性系数主要有位移延性系数、能量延性系数和曲率延性系数[5-8]。本书采用位移延性系数来评价试件的延性性能：

$$\mu_\Delta = \Delta f_u / \Delta f_y \tag{5-4}$$

式中：Δf_y 为屈服荷载下跨中竖向位移；Δf_u 为极限荷载下跨中竖向位移。

对比试件和加固修复试件的延性系数如表 5-7 所示。

延性系数对比				表 5-7
试件编号	$\Delta f_y/mm$	$\Delta f_u/mm$	μ_Δ	归一化
HS-1	15.5	56.9	3.67	1.00
HS-6	19.1	46.8	2.45	0.67
HS-8	14.0	22.3	1.59	0.43

由表 5-7 可知：与未受火未加固对比试件 HS-1 相比，受火自然冷却后加固修复试件 HS-8 的延性系数降低 56.7%；与受火未加固试件 HS-6 相比，相同受火时间后加固修复试件 HS-8 的延性系数降低 33.2%。

5.4　预应力混凝土空心板受火后加固修复性能数值分析

对受火预制空心板进行加固修复后，预制空心板的承载力和刚度能得到一定的提高，然而受火过程中混凝土和钢筋材性发生退化，自然冷却后不能完全恢复。本节通过数值模拟进一步研究预制空心板受火加固修复后的力学性能，采用通用有限元软件 ABAQUS 进行预制空心板受火后加固修复性能分析。试验过程中，预制空心板经历受火、自然冷却、加固修复施工，再加载至破坏，升降温过程中试件存在残余应力和残余变形。为简化分析，不考虑残余应力和残余变形对试件受火后力学性能的影响，仅考虑混凝土和钢筋材性的退化。模型中考虑加固修复用细石混凝土、CFRP 布和钢梁的作用[5-9]。

5.4.1　加固修复单板数值分析

采用第三章提出的模型进行温度场分布分析，得到不同受火时间后预制空心板的温度分布，静力分析中钢筋、混凝土受火后的材料模型同第四章。结合钢筋网细石混凝土加固修复过程，新、旧混凝土采用不同的材料本构，上部加固修复所用新浇混凝土采用常温下 C30 混凝土的本构模型，而下部混凝土则采用不同受火时间后 C25 混凝土的本构模型，如图 5-24 所示。新旧混凝土交界面共用节点，网格划分如图 5-25 所示。

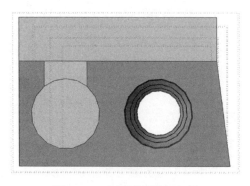

图 5-24 新旧混凝土交界

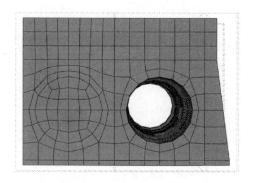

图 5-25 网格划分

不同受火时间后的加固试件 B0S、B15S、B30S、B45S 和 B60S 的有限元分析结果如图 5-26 所示：

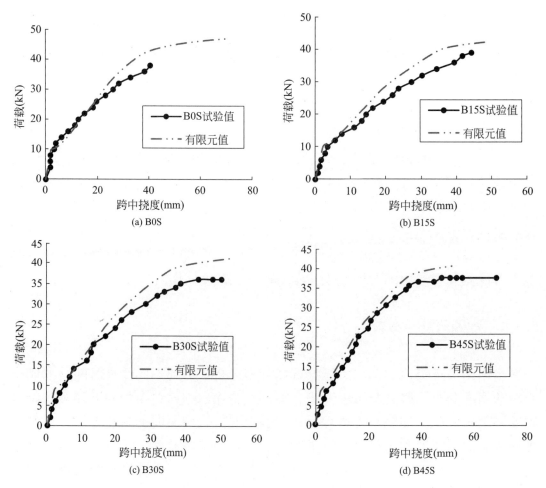

图 5-26 冷轧带肋钢筋预制空心板加固修复试件有限元分析结果（一）

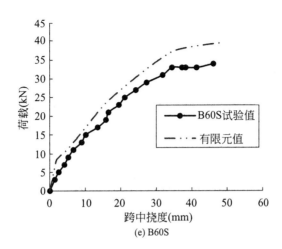

(e) B60S

图 5-26　冷轧带肋钢筋预制空心板加固修复试件有限元分析结果（二）

从图 5-26 中可以看出，有限元分析所得的荷载—跨中挠度曲线和试验曲线基本吻合。有限元分析所得试件的刚度较试验值略大，这是由于试验时支座处无法达到理论分析时的绝对刚性，且有限元分析未考虑材料的强度缺陷以及试件安装时存在的误差。

试件极限荷载试验值与有限元分析值对比如表 5-8 所示。

极限荷载试验值与有限元分析值对比　　　　　　　　　　表 5-8

试件编号	受火时间/min	试验值/kN	有限元分析值/kN	误差/%
B0S	0	38	45.6	20.0
B15S	15	39	42.3	8.5
B30S	30	36	41.1	15.2
B45S	45	37	39.6	7.0
B60S	60	33	37.9	14.8

由表 5-8 可知，各试件极限荷载有限元分析值均高于试验值，误差范围为 7.0%～20.0%，原因在于模拟中假定新旧混凝土完全共同作用，而实际上开槽填孔施工中新旧混凝土的结合面可能达不到理想的共同工作状态。

5.4.2　加固修复整浇楼面数值分析

采用第三章提出的模型进行温度场分布的数值模拟分析，得到不同受火时间后带约束预制空心板整浇楼面的温度场分布。

1）有限元模型

静力分析中钢筋、混凝土受火后的材料模型同第四章。板底跨中增设的钢梁作为理想弹塑性材料考虑，采用双折线模型模拟钢梁的钢材本构，弹性模量取 $2.06×10^5 N/mm^2$，泊松比取 0.3。与混凝土单元相同，钢梁单元也选用 C3D8I 单元，该单元为 3 维 8 节点非协调线性实体单元。

CFRP 布的抗拉强度是普通钢筋的十几倍，当受拉钢筋屈服时，其承受的应力仍处于弹性范围内，在有限元分析中将其作为理想弹性材料考虑[5-10]。CFRP 布的抗拉强度及弹性模量按照实测取值，泊松比参照钢材取 0.3。CFRP 布厚度仅 0.167mm，类似于壳体，其沿纤维长度方向的抗拉强度极大，且可以忽略厚度方向的应力，因此可采用 S4R 弹性壳单元来模拟 CFRP 布，壳单元与混凝土单元之间采用壳—实体单元耦合约束，不考虑单元之间的粘结滑移。

2）分析结果

（1）极限荷载

极限荷载有限元分析值与试验值对比如表 5-9 所示。

试验值与有限元分析值对比　　　　　　　　表 5-9

试件编号	受火时间/min	试验值/kN	有限元分析值/kN	误差/%
HS-1	0	720	701	2.7
HS-6	60	620	576	7.1
HS-8	60	870	842	3.3

由表 5-9 可知，极限荷载有限元分析值均略小于试验值，但误差均小于 7.1%，说明用通用有限元软件 ABAQUS 进行极限荷载有限元模拟可行。

（2）荷载—跨中挠度曲线

试件 HS-8 在荷载作用下最终的竖向变形云图及荷载—跨中挠度曲线见图 5-27。

从图 5-27 可知，有限元分析得到的荷载—跨中挠度曲线与试验结果基本吻合，变形形态也与试验破坏形态基本一致，说明通用有限元软件 ABAQUS 能较好地模拟加固修复试件的受力过程。由于边梁没有明显的翘曲变形，与未受火对比试件相比，由于 CFRP 布和钢梁作用，加固修复试件 HS-8 的刚

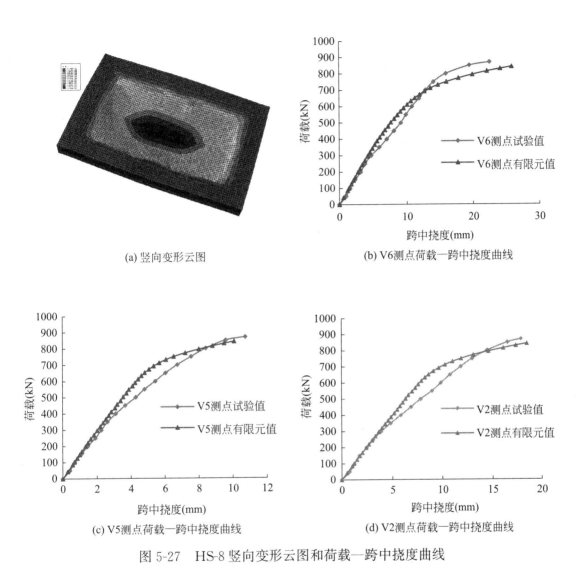

(a) 竖向变形云图

(b) V6测点荷载—跨中挠度曲线

(c) V5测点荷载—跨中挠度曲线

(d) V2测点荷载—跨中挠度曲线

图 5-27　HS-8 竖向变形云图和荷载—跨中挠度曲线

度明显提高。

（3）钢梁和 CFRP 布应力

试件 HS-8 在极限荷载作用下钢梁和 CFRP 布应力云图如图 5-28 所示。

从图 5-28 可知，在达到极限荷载时，钢梁跨中一半区域已屈服，端部也进入屈服阶段；CFRP 布最大应力达到 1441MPa，接近极限抗拉强度的一半，说明破坏时 CFRP 布强度没有完全发挥，而是发生了 CFRP 布与预制空心板之间粘结失效的剥离破坏。

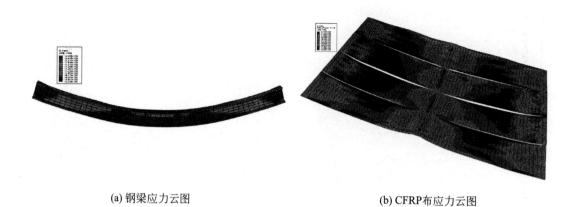

(a) 钢梁应力云图   (b) CFRP布应力云图

图 5-28　钢梁和 CFRP 布应力云图

5.5　小结

本章分别介绍了预制空心板单板和带约束预制空心板整浇楼面受火后加固修复的受力性能，并讨论了加固修复技术对受火后预制空心板单板和带约束预制空心板整浇楼面承载性能的提高。采用通用有限元软件 ABAQUS 提出了数值模拟模型，对预制空心板单板和带约束预制空心板整浇楼面的受火后加固修复性能进行了进一步分析，计算精度符合工程精度要求，可用于指导火灾后预制空心板整浇楼面的加固修复。

参考文献

[5-1] 陈振龙．预制空心板耐火极限及受火后加固试验研究［D］．南京：东南大学，2013.

[5-2] 许清风，李向民，蒋利学，等．高层混凝土住宅火灾后性能评价及抗火能力提升技术研究与应用［R］．上海市建筑科学研究院（集团）有限公司，2013.

[5-3] 火灾后工程结构鉴定标准：T/CECS 252—2019［S］．北京：中国建筑工业出版社，2019.

[5-4] 韩重庆，陈振龙，许清风，等．钢筋网细石混凝土加固受火后预应力混凝土空心板的试验研究［J］．四川大学学报（工程科学版），2012，44（6）：61-66.

［5-5］许清风，韩重庆，张富文，等．粘贴 CFRP 布加固受火后预应力混凝土空心板的试验研究［J］．中南大学学报（自然科学版），2013，44（10）：4301-4306.

［5-6］Xu Q，Han C，Li X，et al. Experimental research on fire-damaged PC hollow-core slabs strengthened with CFRP sheets［C］. Proceedings of FRPRCS11，2013：179-180.

［5-7］李梦南，许清风，陈玲珠，等．粘贴 CFRP 布和增设钢梁加固受火后带整浇层预应力混凝土空心板楼面承载性能研究［J］．建筑结构，2020，50（15）：1-7.

［5-8］周洋．CFRP 加固 T 形截面 RC 连续梁试验与理论研究［J］．建筑结构，2013，43（10）：76-83.

［5-9］陈振龙，刘桥，韩重庆，等．钢筋网细石混凝土加固受火后预制空心板的有限元分析［C］．第七届全国结构抗火技术研讨会 SSFR2013 论文集，2013：327-331.

［5-10］徐智敏．高强钢筋混凝土连续梁受火后加固试验研究［D］．南京：东南大学，2015.

第6章 总结与展望

6.1 总结

本书主要针对预应力混凝土空心板楼面的火灾行为及加固修复方法开展了系列试验研究和数值模拟，得到以下主要结论：

（1）随着受火温度的升高，混凝土抗压强度先上升、后下降。当温度超过300℃后，混凝土抗压强度逐渐下降；当温度达到800℃时，混凝土抗压强度损失超过70％。混凝土配比和骨料类型等因素对其抗压强度劣化规律有一定影响。

（2）高温冷却后混凝土抗压强度和抗压弹性模量均随温度的升高而呈下降趋势，下降规律与冷却方式、混凝土配比等密切相关。浇水冷却后混凝土抗压强度明显低于自然冷却后的混凝土抗压强度。混凝土抗压弹性模量随温度升高的降低程度超过抗压强度，因而混凝土结构火灾后容易产生较大的残余变形，在火灾后混凝土结构鉴定中应予重视。

（3）随着温度增加，各类钢筋的抗拉强度和断后伸长率初期变化均不明显，但当温度大于400～500℃后下降明显。不同温度作用自然冷却后螺纹钢筋的屈服强度和极限强度较常温下时均略有降低，但降低幅度不超过10％。

（4）高温自然冷却后，混凝土和钢筋之间的粘结强度随过火温度的升高而降低。随着温度的升高，高温对圆钢与混凝土之间粘结强度的影响比螺纹钢筋与混凝土之间粘结强度的影响更大。

（5）预制空心板单板和整浇楼面在板底按照 ISO 834 标准升温曲线进行升温时，相同升温时间下预制空心板沿高度方向的温度场分布相同，持荷水平和整浇层对其温升梯度无明显影响。

（6）预制空心板的耐火极限随荷载比的增加而减小。与相同荷载比冷拔低碳钢丝预制空心板试件相比，冷轧带肋钢筋预制空心板试件的耐火极限较低；

板底有水泥砂浆粉刷层的预制空心板单板耐火极限明显大于板底未涂抹水泥砂浆粉刷层的预制空心板单板耐火极限。

（7）随着受火时间增长，受火自然冷却后预制空心板单板的开裂荷载、极限荷载和初始弯曲刚度均不断降低。在各级荷载下，受火自然冷却后预制空心板单板跨中截面不同高度应变仍基本符合平截面假定，可采用有效截面条带法计算其极限承载力。

（8）带约束预制空心板整浇楼面的耐火极限随持荷比增大而显著降低。由于边梁的约束作用，支座竖向位移较小基本没有翘曲，支座水平位移略大于竖向位移，短边支座位移大于长边支座位移。

（9）受火自然冷却后带约束预制空心板整浇楼面的极限荷载和初始弯曲刚度均随受火时间增加而降低，达到预定受火时间后跨中挠度及自然冷却后的残余变形均随受火时间增加而增加。

（10）受火后预制空心板单板采用碳纤维布或钢筋网细石混凝土加固修复后，均能有效提高预制空心板单板的极限荷载和初始弯曲刚度。受火时间越长，加固修复后的极限荷载越低，这主要是因为预制空心板受火时间越长、其材料力学性能损伤越严重所致。

（11）受火后带约束预制空心板整浇楼面采用粘贴碳纤维布和增设钢梁加固修复后，极限荷载较相同受火时间后未加固试件提高了 40.3%，较未受火未加固对比试件提高了 20.8%，受力性能可全面恢复和提升。

（12）采用通用有限元软件 ABAQUS 中提供的顺序耦合方法进行预制空心板单板和带约束预制空心板整浇楼面的热—力耦合分析，对其耐火极限、受火后受力性能、火灾加固修复后受力性能进行了数值模拟，其分析结果均符合工程精度要求，可用于指导既有建筑中预应力混凝土空心板的火灾行为和火灾后加固修复的分析与设计。

6.2　展望

我国留存了数量巨大的采用预应力混凝土空心板楼面的既有建筑，其防火安全是一个十分复杂的问题，后续还需在以下方面开展进一步研究：

（1）加强既有建筑的火灾风险因素设别和动态管控技术研究，特别是广大农村农民自建房的火灾安全风险控制技术研究，进一步降低既有建筑的火灾风险，从源头上减少火灾事故数量和因灾损失。

（2）数字火灾试验为主、明火试验验证为辅将成为今后火灾研究的趋势，应加强按照 ISO 834 国际标准升温曲线或其他实际火场升温曲线下构件火灾行为的数值分析和性能模拟的研究，并着力开发带有自主知识产权的分析软件和火灾试验温控系统。

（3）随着工业化建筑在我国的快速发展，各种类型的新型楼板系统不断涌现，其火灾行为还缺少必要的研究。应结合其各自特点深入开展其火灾行为和高性能材料加固修复技术，为降低此类楼板系统的火灾损失提供关键技术支撑。

（4）随着智能化、信息化、数字化技术的飞速发展，其将在结构火灾行为研究和消防监控领域发挥越来越根本的作用，加强智能化、信息化、数字化技术与结构火灾研究和工程应用的融合是大势所趋。